Montag
10

VORWORT

Liebe Leserin, lieber Leser,

ich werde häufig gefragt, wie es uns gelungen ist, aus einer behäbigen deutschen Behörde einen der weltweit führenden Telekommunikationsanbieter zu machen. Der Schlüssel zu diesem Erfolg liegt für mich in unserer Bereitschaft zu permanenter Transformation: Wir als Deutsche Telekom geben uns nicht mit dem Status quo zufrieden. Wir streben danach, uns ständig weiterzuentwickeln.

Denn Stillstand ist das größte Risiko im Geschäftsleben. Oft genug haben wir gesehen, was mit Unternehmen geschieht, die stehen bleiben, die nicht mit der Zeit gehen. Sie verschwinden irgendwann vom Markt, den sie zuvor mit großem Abstand angeführt haben. In meiner Heimatstadt Solingen habe ich das aus nächster Nähe erlebt: Mit unseren Messern und Klingen waren wir lange Zeit weltweit führend. Doch dann kam die Globalisierung. Von über 250 Firmen zu Beginn der 60er-Jahre waren Ende der 80er nur noch 60 übrig. Mit den japanischen Konkurrenten und ihren automatisierten Produktionsketten konnten viele Solinger Betriebe nicht mithalten. Sie gingen pleite. Menschen aus meinem direkten Umfeld verloren ihre Jobs. Da wurde mir schon in jungen Jahren bewusst, dass der Niedergang nicht aufzuhalten ist, wenn es an Veränderungsbereitschaft fehlt.

Für mich und auch für die Telekom heißt es seitdem immer wieder: Raus aus der Komfortzone. Denn die Komfortzone ist ein Ort der Stagnation. Innovation und Fortschritt liegen in der Regel außerhalb vertrauter Grenzen. Natürlich erfordert es Mut, gewohnte Pfade zu verlassen. Und ja, es kann auch schiefgehen, sich auf unbekanntes Terrain zu begeben. Aber wer vorankommen möchte, muss bereit sein, dieses Risiko einzugehen – und es im Falle eines Scheiterns erneut zu versuchen. Diesen Gedanken haben wir fest in unserer Unternehmenskultur verankert. Eine unserer sechs Leitlinien lautet „Bleibe neugierig und wachse". Das gilt für unseren Konzern insgesamt, und somit auch für alle 200.000 Mitarbeitenden. Wir haben den Anspruch, am Puls der Zeit zu bleiben und den nächsten Schritt zu gehen – für unsere Kunden, für unsere Aktionäre, für uns selbst.

Es ist eine besondere Geisteshaltung, die uns dazu bringt, immer weiterzugehen und uns permanent zu transformieren. Diese Haltung ist die treibende Kraft hinter all unserem Tun und unserem Wachstum. Sie ist geprägt von Neugierde, Offenheit und Erfolgshunger. Sie verhindert Stillstand und sorgt dafür, dass wir jeden Tag so angehen, als wäre es der erste für unseren Konzern. In einer Welt, in der der Wandel die einzige Konstante ist, ist diese Day-One-Haltung der Kompass, der uns den Weg in die Zukunft weist.

Dieses Buch soll Sie inspirieren, um Ihr Unternehmen oder Ihre eigene berufliche Entwicklung erfolgreich auf Kurs zu halten. Dafür teilen Expertinnen und Experten aus Wirtschaft, Wissenschaft, Politik und Sport ihre ganz persönlichen Day-One-Erfahrungen und Best-Practice-Ansätze. Ihre Erlebnisse und Erzählungen sollen Sie ermutigen, Ihre eigene Day-One-Kultur zu entwickeln und dauerhaft am Leben zu halten. Denn auch wenn der erste Tag längst vorüber ist, bietet jeder weitere die Chance für einen Neuanfang.

Viel Spaß bei der Lektüre und bleiben Sie neugierig!

Ihr Tim Höttges
CEO Deutsche Telekom AG

INHALT

In dieser Publikation verwenden wir eine gendersensible Sprache und vermeiden weitestgehend das generische Maskulinum. Aus Gründen der Lesbarkeit nutzen wir es jedoch an einigen Stellen für Personengruppen (Mitarbeiter, Kunden), wobei wir immer Personen aller Geschlechter (m/w/d) meinen.

DIE KRAFT

Sieben Jahre hat Ferri Abolhassan gemeinsam mit seinem Team aus 30.000 Mitarbeitenden den Kundenservice und Vertrieb der Telekom transformiert. Qualität und Image des Geschäftsbereichs haben sich in dieser Zeit signifikant verbessert. Schlüssel zum Erfolg war, neben einer klaren Strategie, vor allem der gelebte Day-One-Spirit, von dem auch alle anderen Unternehmen profitieren können.

FERRI ABOLHASSAN

VON DAY ONE

Können Sie sich noch an Ihren ersten Arbeitstag erinnern? Bei mir ist er bald vierzig Jahre her. Aber ich weiß noch genau, wie ich damals in der Forschungs- und Entwicklungsabteilung von Siemens angefangen habe. Das war 1987 in München. Schon etliche Tage vorher konnte ich vor Aufregung schlecht einschlafen. Da war diese positive Nervosität. Die Vorfreude auf ein neues Kapitel in meinem Leben. Ich habe mich darauf gefreut, neue Leute kennenzulernen und das Wissen, das ich mir während meines Informatikstudiums an der Uni Saarbrücken angeeignet hatte, endlich in der Praxis anwenden zu können. Und ich war stolz darauf, meine ersten beruflichen Schritte bei einem Weltkonzern wie Siemens machen zu dürfen.

Ich war bis in die Haarspitzen motiviert, konnte es kaum erwarten, ins Büro zu gehen und mein neues Team kennenzulernen. Als ich dort ankam, begrüßten mich die Kolleginnen und Kollegen herzlich, erklärten mir alles, was ich zum Start wissen musste, und beantworteten geduldig meine vielen Fragen. Auch meinen Firmenausweis habe ich an diesem Tag ausgehändigt bekommen. Darauf stand es geschrieben: Ferri Abolhassan, Mitarbeiter von Siemens. Das fühlte sich richtig gut an, ich hätte am liebsten sofort mit meinem ersten Forschungsprojekt begonnen.

Und wie bei Siemens erging es mir später auch bei meinen weiteren beruflichen Stationen – egal ob bei IBM, SAP, IDS Scheer, T-Systems oder der Telekom. Der erste Arbeitstag in einer neuen Firma war für mich immer ein besonderer: Ich war besonders motiviert, besonders neugierig, besonders erfolgshungrig. Und ich war jedes Mal auch naiv, auf eine positive Art und Weise. Weil alles neu für mich war, bin ich völlig unvoreingenommen an meine Aufgaben herangegangen und habe einfach mal gemacht – so, wie ich es für richtig hielt. Denn von den existierenden Abläufen und Prozessen hatte ich anfangs wenig Ahnung.

Magie des ersten Tages

Ähnlich wie mit dem ersten Arbeitstag verhält es sich auch mit anderen Anfängen. Zum Beispiel mit dem ersten Tag im neuen Jahr. Mit dem Beginn einer Liebesbeziehung. Mit dem Einzug in eine neue Wohnung. Oder wenn man sein sehnsüchtig erwartetes, neues Smartphone erhält. Anfangs ist alles aufregend. Man ist motiviert, glücklich, nervös, euphorisch, leidenschaftlich, aufmerksam und voller Tatendrang. Man spürt eine Aufbruchstimmung, kniet sich richtig rein und versucht, das Beste herauszuholen. Das ist die Magie des ersten Tages.

Warum erzähle ich Ihnen das alles? Weil genau dieser Spirit – diese Day-One-Haltung – nicht nur der Schlüssel zu privatem Glück ist, sondern auch zu unternehmerischem Erfolg. Ein Manager, der das frühzeitig erkannt hat, ist Jeff Bezos. Der Amazon-Gründer hat sein Unternehmen fast 30 Jahre so geführt, als stehe es am ersten Tag und als komme das Beste erst noch. In seinen Augen war bereits Tag zwei Stillstand.

„Der Spirit des ersten Tages, die Day-One-Haltung, ist nicht nur der Schlüssel zu privatem Glück, sondern auch zu unternehmerischem Erfolg."

Übersetzt heißt diese Day-One-Denke: Egal wie alt und groß ein Unternehmen wird, es sollte sich stets den Spirit eines Start-ups bewahren. Auf diese Weise hält es sich für seine Kunden fit wie am ersten Tag. Das ist allerdings leichter gesagt als getan. Dafür braucht es das richtige Mindset bei allen handelnden Akteuren – vom Management bis zur Belegschaft. Eine durchgängige Day-One-Haltung bedeutet, Stagnation zu vermeiden. Sich niemals auf den eigenen Lorbeeren auszuruhen, den Willen zu haben, sich permanent weiterzuentwickeln. Immer neugierig und erfolgshungrig zu bleiben. Sich selbst und alles, was man tut, jeden Tag aufs Neue zu hinterfragen. Und das mit vollem Fokus auf den Kunden. Ganz konsequent und kompromisslos. Diesen Day-One-Spirit in einer Organisation zu etablieren und dauerhaft am Leben zu halten, bedarf viel Kraft und enormer Ausdauer. Das ist eine Aufgabe, die niemals endet. Denn jeder neue Tag ist Tag eins.

Anstrengungen haben sich ausgezahlt

Ich weiß nur zu gut, wie anstrengend das ist. Sieben Jahre habe ich zusammen mit meinem Team den Sales- & Servicebereich der Telekom transformiert. Nach genau diesem Credo: Wir konzentrieren uns auf die Wünsche und Bedarfe unserer Kunden, um sie zu Fans zu machen – bei jeder Gelegenheit, über alle Kanäle hinweg. Dafür fragen wir uns täglich, was wir noch besser machen können. Und wenn es etwas zu verbessern gibt, gehen wir es radikal an. Dabei war uns von Anfang an bewusst: Für 70 Millionen Telekom-Kunden begeisternde Vertriebs- und Service-Erlebnisse zu schaffen, ist kein Sprint, sondern ein Marathon.

Heute zeigt sich, dass sich das Durchhalten und all die Anstrengungen ausgezahlt haben. Der Kundenservice der Telekom hat sich stark gewandelt – vom Schlusslicht zum Seriensieger. Und auch der Vertrieb steht glänzend da. Als wir 2017 mit der Transformation anfingen, gab es noch 4,5 Millionen Kundenbeschwerden im Jahr. Inzwischen sind es weniger als 300.000. Nicht einmal 30 Prozent der Anliegen konnten damals gleich im ersten Kontakt gelöst werden. Diese Erstlösungsquote, die enorm wichtig für eine hohe Kundenzufriedenheit ist, haben wir auf 70 Prozent gesteigert. Außerdem haben wir die Wartezeit an der Hotline spürbar reduziert: von einst 527 auf unter 90 Sekunden im Schnitt. Dadurch ist der Net Promoter Score (NPS), der die Weiterempfehlungsbereitschaft der Kunden misst, auf Amazon-Niveau gestiegen. Und auch der Mobilfunk- und Breitbandabsatz ist deutlich nach oben gegangen.

Dass sich viele Kennzahlen exzellent entwickelt haben, zeigen auch die Untersuchungen unabhängiger Experten. 2023 hat der Sales- & Servicebereich der Telekom alle relevanten Branchentests gewonnen: Gleich fünfmal hat das Technikmagazin Chip unser Team zum Testsieger gekürt. Viermal für die besten digitalen Serviceangebote im Bereich Mobilfunk, Festnetz, Streaming und Hosting, einmal für die besten Mobilfunk-Shops. Bei der Fachzeitschrift Connect haben wir das Triple geholt – mit der besten Mobilfunk-Hotline, der besten Festnetz-Hotline und den besten Shops. Und schließlich hat uns Focus Money auch noch zum Service-

König von Deutschland gekürt. In 50 von 56 Städten hatten uns rund 280.000 Kunden den besten Service aller Telekommunikationsanbieter bescheinigt. Mehr geht nicht.

Klare Strategie und Day-One-Spirit

Diesen nachhaltigen Qualitäts- und Imagewandel haben wir mit einer klaren Strategie und jeder Menge Day-One-Spirit geschafft, von dem aus meiner Sicht alle Unternehmen profitieren können. Wir haben unser Tun über die sieben Jahre hinweg regelmäßig kritisch hinterfragt – auch gemeinsam mit unseren Kunden. Selbst unsere Verbesserungen haben wir immer wieder auf den Prüfstand gestellt. Wenn aus roten oder gelben Kennzahlen grüne wurden, haben wir uns damit nicht zufriedengegeben, sondern unser Ambitionslevel weiter nach oben geschraubt. Denn wir wussten, dass sich die Erwartungen unserer Kunden genauso weiterentwickeln wie die Bemühungen unserer Wettbewerber, uns vom Thron zu stoßen. Uns war klar: Wenn wir die Nummer eins bleiben wollen, müssen wir von Jahr zu Jahr eine Schippe drauflegen. Mit immer ambitionierteren Zielen haben wir unseren Day-One-Spirit am Leben gehalten und verhindert, als Organisation satt und bräsig zu werden. Ein Problem, mit dem viele Firmen mit der Zeit zu kämpfen haben. Nach ersten Erfolgen werden sie selbstgefällig und geben nicht mehr 100 Prozent. Doch die braucht es für dauerhaften Erfolg.

„Wir haben unser Tun über die sieben Jahre hinweg regelmäßig kritisch hinterfragt – auch gemeinsam mit unseren Kunden."

Wichtig beim Day-One-Ansatz ist, dass die Führungskräfte auf allen Management-Ebenen eine entsprechende Haltung vorleben. Wer von seiner Belegschaft eine Motivation und Mentalität wie am ersten Tag erwartet, muss hier mit gutem Beispiel vorangehen. Der darf selbst nicht müde werden, sich mit den Abläufen und Prozessen des Tagesgeschäfts auseinanderzusetzen. Aus diesem Grund habe ich mir mit meinen Kolleginnen und Kollegen jede Woche in der Geschäftsleitungssitzung ausgewählte Kundenbeschwerden sehr genau angeschaut: Was ist da schiefgelaufen? Woran hat es gelegen? Hat der Fehler System? Und wenn ja, wie können wir es künftig besser machen? Mit solchen Fragen haben wir uns intensiv beschäftigt. Zum einen, weil uns jede einzelne Kundenbeschwerde wehtut. Zum anderen, weil wir unseren Mitarbeitenden zeigen wollten, dass wir selbst alles dafür tun, jeden Tag ein bisschen besser zu werden.

Gleichzeitig haben wir als Management auch regelmäßig den Kontakt zu unseren Kunden und Mitarbeitenden selbst gesucht. Getreu dem Motto: Raus aus der Komfortzone, rein ins Servicecenter, in den Shop oder in die Fahrzeuge unseres Außendienstes. Wir wollten genau verstehen, was unsere Kunden wünschen und was unsere Mitarbeitenden brauchen, um diese Wünsche bestmöglich zu erfüllen. Ich kann nur jedem Manager diesen gutgemeinten Ratschlag mit auf den Weg geben: Hör den Menschen zu, dann weißt du, was zu tun ist. Das klingt vielleicht im ersten Moment trivial, aber wer dies beherzigt, gewinnt viele, wertvolle Erkenntnisse für die strategische Ausrichtung seines Unternehmens.

Mensch im Mittelpunkt

Wir haben unsere Organisation komplett auf den Menschen ausgerichtet und ihn in den Mittelpunkt gerückt – den Kunden, aber auch unsere Mitarbeitenden. Denn die machen am Ende des Tages den Unterschied – mit ihrer Erfahrung und Empathie.

Dr. Ferri Abolhassan

Der 1964 geborene Saarbrücker verlässt gern die Komfortzone. Dr. Ferri Abolhassan liebt es, seinen Horizont zu erweitern und Neues zu wagen – ob beruflich oder privat. Er ist passionierter Ausdauersportler und auch im Job sucht er immer wieder neue Herausforderungen. Nach Managementstationen bei SAP, IBM, Siemens und IDS Scheer hat er zuletzt eine neue Aufgabe im Telekom-Konzern übernommen: Nach sieben Jahren Verantwortung für den Sales- & Servicebereich von Telekom Deutschland wurde er in den Vorstand der Deutschen Telekom berufen und ist CEO der T-Systems International GmbH. Der promovierte Informatiker engagiert sich zudem als Aufsichtsratsvorsitzender des Deutschen Forschungszentrums für Künstliche Intelligenz (DFKI), als Mitglied der Altantik-Brücke und im Kuratorium des Max-Planck-Instituts für Informatik. Darüber hinaus ist er Mitglied des Digitalisierungsrates des Saarlandes und offizieller Saarlandbotschafter.

Darum haben wir ihnen auch mehr Freiraum und Verantwortung im Tagesgeschäft eingeräumt. Wir haben zum Beispiel unsere Kundenberaterinnen und -berater an der Hotline aufgefordert, bestehende Regeln und Prozesse infrage zu stellen und individuelle Entscheidungen im Sinne des Kunden zu treffen. Gleichzeitig sollen sie sich aber auch für das Anliegen des Kunden verantwortlich fühlen – von Ende zu Ende. Denn es geht uns nicht ums Einhalten von Abläufen und Vorgaben, es geht uns darum, den Kunden zu begeistern. Darum ist erlaubt, was gut für unsere Kunden ist.

Oder nehmen wir die Teamleiter im Außendienst: Da sie die Fähigkeiten unserer Servicetechnikerinnen und -techniker am besten kennen, können sie selbstständig entscheiden, wo eine Auftragsbündelung Sinn ergibt, welche Kollegin oder welcher Kollege für den Auftrag am besten geeignet ist und welche Weiterqualifizierung der jeweilige Mitarbeitende benötigt. Weniger zentrale Vorgaben, mehr persönlicher Spielraum ist hier unser Credo.

Wissen macht Spaß

Ein weiterer Erfolgsfaktor unserer Transformation war die Erkenntnis, dass wir niemals ausgelernt haben. Weil sich die Welt um uns herum stetig weiterentwickelt, war es uns als Telekom Sales- & Serviceteam immer wichtig, am Ball zu bleiben und unseren Horizont Tag für Tag zu erweitern. Also haben wir zudem viel Geld und Zeit in das fachliche Know-how unserer Mitarbeitenden investiert – in Form von individuellen Schulungen, persönlichen Coachings durch die Teamleiter und digitalen Lernformaten wie KI-basierten Trainings. Damit haben wir dafür gesorgt, dass unsere 30.000 Mitarbeitenden jederzeit mit unseren neuesten Produkten, Tarifen und Services vertraut sind und unsere Kunden bestmöglich beraten können. Und das alles mit dem nötigen Spaßfaktor.

Denn Wissen ist nicht nur die Macht, dem Kunden weiterhelfen zu können. Wissen kann auch viel Spaß machen. Ein Beleg dafür ist unsere regelmäßige Mitarbeiterbefragung: Im Mai 2023 fühlten sich 88 Prozent der Kolleginnen und Kollegen sehr wohl im Sales- & Serviceteam. Das zeigt mir, dass wir an den richtigen Stellschrauben gedreht haben. Ich bin da ganz bei Richard Branson, dem Gründer der Virgin Group: „Clients do not come first. Employees come first. If you take care of your employees, they will take care of the clients." So ist es!

KI-Lösungen unterstützen

Wir haben aber nicht nur für mehr Freiraum und Fachlichkeit unserer Mitarbeitenden und die richtige Haltung gesorgt, sondern ihnen auch die besten digitalen Tools an die Hand gegeben: Bereits zur IFA 2016 haben wir unseren KI-Chatbot Frag Magenta eingeführt. Der liefert unseren Kunden seitdem Antworten auf häufig gestellte Fragen – ohne Wartezeit, rund um die Uhr. 2023 hat er über sieben Millionen Kundendialoge geführt und ist nochmal smarter geworden. Mit der Erweiterung Frag Magenta Voice können wir bereits in 85 Prozent der Fälle vorhersagen, warum uns ein Mobilfunkkunde anruft. Dafür checkt die KI im Hintergrund, ob sich beim Kunden zuletzt etwas geändert hat und macht ihm aktive Vorschläge. 2024 soll das auch für Festnetzkunden kommen.

Auch intern haben wir eine Reihe digitaler Lösungen etabliert: Die Magenta View bietet einen 360-Grad-Blick auf den Kunden. PIA, die persönliche interaktive Assistentin, versorgt unsere Beraterinnen und Berater während der Kundengespräche mit nützlichen Infos. KI-Kollege Sherloq analysiert jährlich eine Million Kundenbriefe, die wir noch immer per Post erhalten, und leitet sie ans zuständige Serviceteam weiter. Zudem haben wir eine Farm aus 3.800 Software-Robotern aufgebaut, die stumpfe Routineaufgaben erledigen – wie Kundendaten von einer Datenbank in eine andere zu kopieren.

> **„Es geht darum, die Chancen der Digitalisierung zu nutzen, ohne dabei den Menschen und seine einzigartigen Fähigkeiten aus den Augen zu verlieren. ‚Digital denken, empathisch lenken', lautet hier mein Grundsatz."**

Dadurch bleibt unseren Mitarbeitenden mehr Zeit für die persönliche Kundenbetreuung – von Mensch zu Mensch. Am Ende des Tages kommt es auf einen intelligenten Mix an: Es geht darum, die Chancen der Digitalisierung zu nutzen, ohne dabei den Menschen und seine einzigartigen Fähigkeiten aus den Augen zu verlieren. Nur so gelingen begeisternde Kundenerlebnisse. „Digital denken, empathisch lenken", lautet hier mein Grundsatz. Es ist einfach wichtig, am Ball zu bleiben, technologische Trends frühzeitig zu erkennen und auszuprobieren. Und was dann gut für Kunden oder Mitarbeitende ist, sollte man mit Augenmaß für sich nutzen. Was hingegen keinen Mehrwert bietet, aber auch wieder verwerfen. Auch das gehört zu einer Day-One-Haltung.

Jeder neue Tag ist Day One

Ein weiterer, entscheidender Hebel ist die Kundennähe. In den vergangenen Jahren haben wir bundesweit 14 Regiocenter aufgebaut, um unsere Kunden dort abzuholen, wo sie sind – in ihrem Umfeld, in ihrer Sprache, mit einem festen Team, das sich vor Ort bestens auskennt, sich durchgängig verantwortlich fühlt und eine enge Kundenbeziehung aufbaut. Dazu haben wir in den Regiocentern alle Fachbereiche entweder räumlich oder zumindest virtuell zusammengebracht – von der Hotline über die Disposition bis zum Außendienst. Dieser direkte Austausch hilft nicht nur bei einer schnelleren Problemlösung, sondern schafft auch eine neue Verbindlichkeit gegenüber den Kunden. Die Regioteams kümmern sich ganzheitlich um jedes Anliegen, fühlen sich von Ende zu Ende verantwortlich und lösen das Kundenanliegen möglichst im ersten Kontakt – ohne lästige Weiterleitungen.

Auch im Handel sind wir diesen Schritt gegangen und zeigen nach wie vor Präsenz in den Innenstädten, während sich andere Unternehmen aus den Fußgängerzonen zurückziehen. Erst im Frühjahr 2023 haben wir in Hamburg den europaweit größten Shop der Telekom eröffnet – auf über 1.000 Quadratmetern Gesamtfläche. Aber auch in Hunderte andere Telekom Shops haben wir investiert und sie nach und nach in einladende und nachhaltige Erlebniswelten umgebaut – inklusive Welcome Management, Service Desk und Kaffeebar. Denn der direkte Kundenkontakt ist eine wesentliche Säule unserer Strategie. Wir glauben an den Mehrwert der persönlichen Beratung – gerade bei beratungsintensiveren Themen wie dem Glasfaserausbau, zu dem sich viele Menschen in unseren Shops informieren.

Rückblickend freue ich mich, dass unsere Strategie aufgegangen und es uns gelungen ist, den Day-One-Spirit dauerhaft in unserer Organisation zu etablieren. Doch am Ziel sind wir trotz all dieser Verbesserungen noch nicht. Wir als Telekom möchten alle unsere Kunden zu Fans machen, bei jedem Kontakt, ob online, an der Hotline, im Shop oder an der Haustür. Und selbst wenn wir 95 Prozent der Beschwerden aus der Welt geschaffen haben, ist jede einzelne Beschwerde noch eine zu viel. Darum wird unser Sales- & Serviceteam die Transformation mit Day-One-Spirit weiter vorantreiben.

Wir wollen die Wartezeit für unsere Kunden an der Hotline und in den Telekom Shops weiter reduzieren und haben dafür bereits erste Maßnahmen gestartet. Wir wollen unsere regionale Aufstellung noch konsequenter im Sinne der Kunden nutzen. Wir wollen unsere IT-Tools weiter verbessern und alle Mitarbeitenden fachlich noch fitter machen. Und wir wollen die Zusammenarbeit zwischen den Fachbereichen weiter stärken, um unseren Kunden jederzeit eine Komplettlösung bieten zu können. Dafür wird sich das gesamte Team weiterhin jeden Tag aufs Neue hinterfragen und die Dinge, wo nötig, einfach anders machen.

Und mit eben dieser Day-One-Haltung gehe ich auch meine neue Aufgabe als Vorstand von T-Systems an. Anfang Januar hatte ich hier meinen ersten Arbeitstag. Und genau wie damals zum Berufsstart bei Siemens konnte ich es kaum erwarten, die Teams kennenzulernen und mit der Arbeit loszulegen. Denn gemeinsam haben wir viel vor. Ich denke, dass uns der Day-One-Spirit auch bei T-Systems helfen kann, Qualität und Wahrnehmung unserer Leistungen weiter zu verbessern, noch mehr aus unseren Möglichkeiten zu machen und nachhaltig zu wachsen. Dafür werde ich auch in meiner neuen Rolle wieder unvoreingenommen ans Werk gehen, viele Fragen stellen und die Dinge einfach mal machen. Das alles mit klarem Fokus auf die Menschen – auf unsere Kunden und Mitarbeitenden. Denn Tag zwei ist Stillstand, darum ist für mich auch künftig immer Day One.

„Der Mut unterscheidet starke von schwachen Managern"

Achim Berg ist einer, der weiß, wie Management funktioniert. Nach zahlreichen geschäftsführenden Positionen, unter anderem beim Digitalverband Bitkom, bei Microsoft, Bertelsmann und der Telekom, ist er überzeugt: „Neue CEOs werden nicht geholt, wenn es gut läuft, sondern um etwas zu verändern." Um das erfolgreich zu tun, um den Day-One-Spirit zurück ins Unternehmen zu bringen, sollten Führungskräfte einige Grundsätze beachten.

Geschäftsmodelle sind endlich. Wer das verstanden hat, ist schon ein ganzes Stück weiter. Durch die fortschreitende Digitalisierung und nicht zuletzt auch durch die Möglichkeiten Künstlicher Intelligenz ist die Halbwertzeit von Erfolgsmodellen heute nochmal sehr viel kürzer als vor 30 Jahren. Doch auch wenn diese Aussage zunächst trivial erscheint, viele Unternehmen und ihre Führungskräfte agieren bewusst oder unbewusst so, als hätten sie dieses Prinzip nicht verstanden. Sie halten an Bestehendem fest und ergreifen nicht die zahllosen Möglichkeiten, die sich am laufenden Band ergeben.

Der Erfolg von morgen wird weniger durch das bestimmt, was wir Zusätzliches machen, sondern wie bereit wir sind, Althergebrachtes loszulassen.

Loslassen ist leicht, wenn man die Trends im Blick behält

Bei der Telekom war das klassische Festnetz, sprich der Call nach Hause, ein solches Konzept, von dem man sich zu gegebener Zeit trennen musste. 2002 kam ich als Vorstand für den Bereich Sales und Marketing zur damaligen T-Com, der Festnetzsparte der Telekom. Dort ging es bis dato ausschließlich darum, zu überlegen, wie man die sogenannten „voice minutes" – also die Minuten, die übers Festnetz telefoniert wurden – maximieren konnte, um den Umsatz des Bereichs zu steigern. Ich kam und stellte dieses Denken zur Disposition, denn das eigentliche Sprechen übers Festnetz wurde schon damals immer unwichtiger. Ich habe überlegt, wie wir über das Thema Breitband andere Mehrwertdienste anbieten könnten, neben dem Internet hatte ich das Thema Multimedialität im Kopf. Letztlich entstand T-Home und löste das klassische „nur" Festnetz ab. Eigentlich war und ist es wirklich einfach: Man muss bereit sein, alte Muster aufzugeben, und immer im Blick behalten, was die Kunden wirklich wollen und welche Trends es gibt, die neue Bedürfnisse wecken könnten.

Fokussieren, wenn man von einer Sache überzeugt ist

Ein weiteres Beispiel meiner Karriere zeigt ebenso eindrücklich, wie wichtig es ist, den Markt im Blick zu behalten und mit dem richtigen Gespür zu bewerten. Außerdem zeigt es noch einen anderen Grundsatz, der für den Erfolg als Führungskraft unabdingbar ist: das „Überfokussieren", wie ich es nenne.

In der Zeit, als ich die Geschäftsführung von Microsoft Deutschland übernahm, stand das Thema Cloud-Service gerade in den Startlöchern, beziehungsweise noch weit hinter der Startlinie. Damals ging es vorwiegend darum, Umsatz durch das Verkaufen von Enterprise Agreements an Geschäftskunden zu generieren. Und jeder dieser Verträge brachte so viel mehr Umsatz als das Vermarkten einer Cloud-Lösung. Aber ich war mir sicher: Wir müssen alles auf diese Karte setzen, denn die Cloud-Lösung, heute Microsoft 365, wird die Zukunft sein. Ich habe mich ausschließlich darauf konzentriert, auch wenn sowohl dem Bereich als auch uns persönlich, durch geringere Tantiemen, Geld durch die Lappen ging. Doch dann die Belohnung: Beim weltweiten Review belegte unser Team aus Deutschland mit 1.000 verkauften Lizenzen für Cloud-Lösungen den ersten Platz, weit vor den USA, wir erhielten Budget und konnten den Vertrieb ungebremst vorantreiben. Mir hat das gezeigt, dass es unabdingbar ist, sich auf ein Ziel mit voller Kraft zu fokussieren. Nur wenn ich als Manager mit Leidenschaft vorangehe, kann ich die Basis für langfristigen Erfolg legen! Die „Hasenfußmanager" verwalten. Die Manager, die sich etwas trauen, treiben die Innovation.

Natürlich bergen mutige Entscheidungen ein gewisses Risiko. Als beispielsweise Flixmobility, ein Unternehmen, mit dem ich durch meine Tätigkeit als Aufsichtsratsvorsitzender eng verbunden bin, 2021 das US-amerikanische Kultunternehmen Greyhound gekauft hat, war das enorm riskant und dennoch richtig. Wenn die Strategie nicht funktioniert hätte, wäre das gesamte Unternehmen in Gefahr gewesen. Aber es erfordert genau diese Verve, solche Entscheidungen zu treffen – das unterscheidet einen schwachen Manager von einem starken.

„Man muss bereit sein, alte Muster aufzugeben, und immer im Blick behalten, was die Kunden wirklich wollen."

Zum Erfolg gehört auch, unangenehme Entscheidungen zu treffen

Neben dem Mut und der Entschlossenheit braucht es als Führungskraft auch das Wissen, dass unangenehme Entscheidungen unvermeidbar sind. Als ich 2013 zu Bertelsmann kam, habe ich in Absprache mit dem Konzern nach kurzer Zeit die Entscheidung getroffen, aus mehr als 150 kleinen GmbHs fünf große Einheiten zu formen. Die meisten Geschäftsführer fanden das schwierig – weil sie durch diesen Schritt ihren Einfluss und ihre Flexibilität verloren haben. Aber ich war davon überzeugt, dass mein Weg der richtige wäre, um das Unternehmen voranzubringen und mit mehr Marktmacht agieren zu können. Und ich habe schnell gesehen, wer den Weg mitgeht und wer ihn blockiert. Hier muss man als Führungskraft entscheiden, was wichtiger ist: Day-One-Spirit oder Erfahrung? Die größte Kompetenz hilft nicht, wenn der

„Die größte Kompetenz hilft nicht, wenn der dominierende Satz eines Managers ist: ‚Das haben wir immer schon so gemacht'."

Achim Berg

Der gebürtige Rheinländer hatte nach dem Studium der Wirtschaftsinformatik bis heute zahlreiche hochrangige Positionen in verschiedenen Unternehmen der Informations- und Kommunikationsbranche inne. So war er Vorsitzender der Geschäftsführung der Fujitsu Siemens Computers GmbH, bei der Telekom AG Vorstand für Vertrieb und Marketing der Festnetzsparte T-Com, Vorsitzender der Geschäftsführung der Microsoft Deutschland GmbH und später in der Konzernzentrale in leitender Funktion tätig. Von 2013 bis 2015 war Achim Berg Vorstandsmitglied bei Bertelsmann und CEO der Arvato AG und von 2017 bis 2023 Präsident des Digitalverbands Bitkom. In dieser Rolle hat er den politischen Entscheidern in Deutschland vorgeworfen, durch Behäbigkeit Innovationen zu verhindern. Berg ist seit April 2016 Operating Partner beim global operierenden Wachstumsinvestor General Atlantic und in diesem Zusammenhang Mitglied mehrerer Aufsichtsräte, unter anderem bei Flixbus. In seiner knapp bemessenen Freizeit ist er gerne sportlich aktiv und betreibt Mountainbiking, Golfen und Motorsport.

> „Zu erläutern, dass man in die falsche Richtung gelaufen ist, ist keine Schande. Es nicht zu sagen, sehr wohl."

dominierende Satz eines Managers ist: „Das haben wir immer schon so gemacht." Da muss man dann Entscheidungen treffen und sich auch mal von Mitarbeitenden trennen. Doch egal wie hart die Entscheidungen waren – ich habe mich immer bemüht, allen Mitarbeitenden und ihren Positionen gegenüber Wertschätzung zu zeigen. Und ein Tipp, der meiner Meinung nach Gold wert ist: Lasse jedem immer ein Hintertürchen, mit erhobenem Haupt auch aus einer schwierigen Diskussion rauszugehen, und behandle deine Leute mit Respekt – nur so kannst du nachhaltig erfolgreich sein.

Erklären, erklären, erklären

Gerade wenn es darum geht, einen Wandel voranzutreiben, muss man diesen nicht nur aufzeigen, sondern erklären, damit alle an einem Strang ziehen können. Mir hat es immer geholfen, eine verständliche Strategie zu haben und diese ebenso plakativ zu visualisieren.

Bei Dell habe ich eine Rennbahn aufgestellt und jedes Team hatte einen Rennwagen, um bei erreichten Meilensteinen seinen Wagen vorzurücken. Wichtig ist, dass eine solche Visualisierung nicht reine Spielerei bleibt, sondern dass man sich immer wieder darauf bezieht.

Bei Microsoft habe ich meine strategischen Maßnahmen als Meilensteine beim Aufstieg auf den K2, den zweithöchsten Berg der Erde, visualisiert. Wir starteten am Basislager und hangelten uns Richtung Gipfel. In jedem Meeting haben wir uns auf dieses Bild bezogen. Das stärkt das Teamgefühl, denn jeder weiß, worum es geht, und hat die gleichen Bezugspunkte.

Transparente Kommunikation fördert Vertrauen

Wenn man als Führungskraft neu in ein Unternehmen kommt, folgen viele der Devise: erstmal zuhören. Natürlich kann und sollte man nicht in eine Organisation hereinkommen und sagen: „Wir machen alles anders, und zwar so!"

Aber: Ich bin immer gut damit gefahren, schnell und offen zu kommunizieren. Und eine Botschaft kann lauten: „Ich werde Sachen anders machen, denn aktuell läuft es nicht. Ich muss mir aber zunächst ein Bild verschaffen, in vier Wochen sprechen wir uns wieder." Das ist so viel wertvoller als nicht zu kommunizieren. Denn ansonsten brodelt schnell die Gerüchteküche und das Vertrauen ist verspielt, bevor man überhaupt richtig angekommen ist. Gleiches gilt natürlich auch, wenn sich Entscheidungen, die man als Führungskraft getroffen hat, als falsch erweisen: Raus mit der Sprache! Zu erläutern, dass man in die falsche Richtung gelaufen ist, ist keine Schande. Es nicht zu sagen, sehr wohl.

„Verlässlichkeit ist die Basis für Veränderungen“

Dr. Thomas de Maizière weiß, wie man unter sich verändernden Rahmenbedingungen agiert: Jahrelang prägte er durch sein vielfältiges Wirken in der Politik die Gesellschaft. Somit erlebte er zahlreiche persönliche Day-One-Momente. Im Interview spricht er über das, was er daraus gelernt hat, und warum Verlässlichkeit und sich neu zu erfinden keine Gegensätze sind.

Herr de Maizière, Sie haben viele echte „erste Tage“ erlebt. Was war Ihr spannendster Day One?

Ein besonders eindrücklicher erster Tag war der 3. März 2011, an dem ich zum Verteidigungsminister vereidigt wurde. Zwei Tage zuvor war Karl-Theodor zu Guttenberg zurückgetreten, und die Bundeskanzlerin bat mich, seine Nachfolge anzutreten. Ich hatte also nicht viel Zeit, mich vorzubereiten – kein Onboarding, keine Lehrgänge, nichts. Ich habe die kurze Zeit genutzt, um zu überlegen, wie ich diesen Day One gestalten möchte. Es gab viele Wünsche von außen, zahlreiche protokollarische Zwänge und vieles mehr, was angeblich sofort und als Erstes zu geschehen hatte. Zu einem gewissen Teil muss man diesen nachkommen, aber ich wollte zu Beginn vor allem den Erwartungen meiner neuen Mitarbeitenden entsprechen. Es war mir wichtig, den Menschen, die zum Teil Tag und Nacht und am Wochenende bereit sein müssen und für mich arbeiten, zu sagen: Ich bin jetzt für euch da und wir gehören zusammen. Day One im eigentlichen Sinne hieß für mich auch bei späteren Amtswechseln, den Ball aufzunehmen und Bindung zu den Menschen aufzubauen. Meine Day-One-„Routine“, wenn es das Wort überhaupt gibt, hatte immer das Ziel, dass die Menschen so schnell wie möglich wissen: „Der ist jetzt für uns da“. Innenwirkung geht am Anfang immer vor Außenwirkung.

Day One wurde geprägt von Jeff Bezos, der in einem Aktionärsbrief sagte, dass Tag 2 Stillstand sei. Gefolgt von Irrelevanz, gefolgt von einem qualvollen, schmerzhaften Niedergang. Und deshalb sei für ihn und sein Team immer Tag 1. Entspricht das Ihrem Denken?

Richtig an dem Ansatz finde ich, dass jeder für sich, aber auch Institutionen, von Zeit zu Zeit ihre Strategie überprüfen. Aber etwas übertrieben finde ich das dann doch. Es gibt viele Berufsbilder, in denen eine erstklassige Routine das Beste ist, was es gibt: Ein Hüftchirurg, eine Pflegekraft, ein Mitarbeiter oder eine Mitarbeiterin im Callcenter muss jeden Tag, jede Minute zuverlässige, hochklassige Arbeit erbringen. Das kann man auch Day One nennen: Motiviere dich immer wieder, als sei es der erste Tag – damit die innere Haltung jeden Tag auf höchstem Niveau bleibt. Der 750. Patient, der wegen des Grauen Stars operiert wird, will genauso perfekt behandelt werden wie die 749 Menschen vor ihm.

„Am Ende ist es wichtig, dass vor allem Führungskräfte in Unternehmen ihre Funktionen und somit ihre Perspektiven wechseln: Es hilft, wenn Mitarbeitende einer Unternehmenszentrale auch im operativen Bereich gearbeitet haben und umgekehrt.“

Welche Rolle spielen Ruhepausen?

Während Stillstand tatsächlich tödlich ist, sind Ruhephasen unbedingt notwendig. Ablenkung und Auszeiten sind essenziell, um im eigentlichen Tun produktiv zu sein. Ablenkung führt anschließend zu besserer Konzentration. Und hier reicht es nicht, mal zehn Minuten nicht aufs Handy zu schauen. Es muss etwas geben, worin man sich außerhalb des Jobs vollständig verlieren kann: Musik, Literatur, Sport, was auch immer. Nur wenn Sie Zeiten echter Ablenkung einbauen, können Sie die hochklassige Routine halten, können Sie sich und Ihr Tun mit frischem Geist hinterfragen. Im Buch „Die Kunst guten Führens" vertreten Karl-Ludwig Kley und ich die These, dass dies vor allem für Führungskräfte enorm wichtig ist, denn es sind diese Auszeiten oder Ablenkungen, die Persönlichkeit entwickeln und neue Perspektiven eröffnen.

Oft schaffen in der Politik gerade die Verlässlichkeit und die Tatsache, dass es „nicht zu viel Neues" gibt, Vertrauen und überzeugen am Ende die Wähler. Steht diese Verlässlichkeit dem Day-One-Gedanken entgegen?

Seriosität und Verlässlichkeit sind enorm wichtig, sowohl in der Politik als auch in der Wirtschaft. Gerade in der heutigen Zeit sollte man das Vertrauen, das man sich erarbeitet hat, nicht leichtfertig aufs Spiel setzen. Früher gab es meinungsbildende Medien – eine Wahlsendung der Spitzenkandidaten beispielsweise hatte immense Einschaltquoten. Die sozialen Medien sind viel fragmentierter. Somit haben wir ein echtes Vermittlungs- oder Reichweitenproblem, denn Vertrauen entsteht erst über einen langen Zeitraum hinweg. Und Sie müssen Millionen Menschen erreichen, um Vertrauen aufzubauen.

Verlässlichkeit ist ein sehr wichtiges Element, eine Methode, mit sich wandelnden Rahmenbedingungen umzugehen. Das sehe ich nicht als Kontrast zum Day-One-Gedanken. Sowohl in der Politik als auch im Unternehmen braucht es verlässliche Konstanten, sonst überzeugen Sie weder Wähler noch Mitarbeitende noch Kunden. Als Gerhard Schröder 2003 die Agenda 2010 vorstellte, gab es zwar auch Kritik, aber er hatte sich ein so großes Vertrauen erarbeitet, dass seine Wähler den Eindruck hatten, er wisse, was er tue. Gleiches galt für die Akzeptanz der Einlagengarantie, die Angela Merkel und Peer Steinbrück in der Finanzkrise am 5. Oktober 2008 gegeben hatten. Verlässlichkeit ist die Basis für Veränderungen. Transformation braucht beides.

An welchen Stellen ist es denn in der Politik erlaubt, sich neu zu erfinden?

Das hängt oft mit Ämtern oder Positionen zusammen. Ich möchte ein Beispiel nennen: Wenn der Innenminister für mehr Sicherheitsgesetze plädiert, dann argumentiert er damit, die Bürger vor steigender Kriminalität schützen zu wollen. Andere werden dagegenhalten, ersterer wolle unschuldige Bürger unangemessen überwachen. Beide Perspektiven haben ihre Berechtigung und zeigen ein Commitment, eine innere Bindung zur Aufgabe. Hier gilt es dann, einen Kompromiss zu erarbeiten. Ich bin daher sehr für verschiedene „erste Tage" in der eigenen Biografie, damit man mit dem Rollenwechsel lernt, dass die anderen auch keine Idioten sind. Am Ende ist es wichtig, dass vor allem Führungskräfte in Unternehmen ihre Funktionen und somit ihre Perspektiven wechseln: Es hilft, wenn Mitarbeitende einer Unternehmenszentrale auch im operativen Bereich gearbeitet haben und umgekehrt. Es hilft ebenso, wenn es Vertriebsmanager gibt, die aus Erfahrung die Sicht des Controllings kennen. Dann fällt es ihnen sehr viel leichter, das eigene Tun zu hinterfragen – auch mit der Draufsicht von außerhalb der eigenen Blase.

Sie sind seit 2018 Vorstandsvorsitzender der Telekom Stiftung. Die Stiftung fokussiert sich unter anderem auf MINT-Berufe und will jungen Menschen ein attraktives Lernumfeld schaffen. Wie sähe ein solches Umfeld optimalerweise aus?

Wir müssen Wege finden, den Schülerinnen und Schülern zu vermitteln, warum gerade in der heutigen Zeit, in der vermeintlich alles digital abrufbar ist, Lernen so wichtig ist. Wischen reicht nicht, um es einmal zugespitzt zu sagen. Wir müssen alltagsnah vermitteln, wie Lernen dabei hilft, Beurteilungskompetenz aufzubauen. Wir wollen aufzeigen, dass es noch mehr Spaß macht, das Smartphone beispielsweise zum Programmieren kleiner Apps zu nutzen, wenn ich ein wenig theoretisches Wissen dazu habe. Zahlreiche Studien zeigen, dass Schülerinnen und Schüler besser lernen, wenn sie Spaß daran haben. Das Ergebnis einer Studie der Telekom-Stiftung zeigt, dass YouTube von sehr vielen Jugendlichen als Hilfe für den Schulunterricht genutzt wird. Da gibt es Videos zum Dreisatzlernen, zu Geschichtswissen und vieles mehr. In der Schule sind diese meist verpönt – da klaffen die Wirklichkeiten auseinander.

Natürlich muss es auch Lernsituationen geben, die ohne technische Mittel stattfinden, aber es ist viel intelligenter, die neuen Möglichkeiten nicht zu verteufeln, sondern einzusetzen. Es geht darum, Schüler zu Lern-Fans zu machen. Dieses Denken wird an zu wenigen Schulen vermittelt.

Im Laufe der Jahre hat die Telekom-Stiftung ihre Strategie immer wieder auf den Prüfstand gestellt. Was steht als nächstes auf dem Plan?

Wir richten uns seit fünf Jahren an die 10- bis 16-jährigen Schülerinnen und Schüler. Nun zeigt das aktuelle gesellschaftliche Bild enorme Lücken im Grundschulbereich. Das heißt, wir müssen dies für uns bewerten und überlegen, diese Altersgruppe wieder zu adressieren. Wir befinden uns dazu in einer Strategiedebatte. Sich ändernde Rahmenbedingungen führen dazu, dass wir unser Tun hinterfragen. Auch der Wechsel in der Geschäftsführung hat zu einem Day-One-Spirit geführt, den wir bewusst herbeigeführt haben. Jacob Chammon hat eine ganz andere Biografie als sein Vorgänger, Dr. Ekkehard Winter. Er ist 20 Jahre jünger, somit ein Digital Native und durch sein bisheriges Wirken kennt er unsere Zielgruppe. So haben wir beschlossen, dass die Stiftung einen Neubeginn braucht. Schon jetzt lässt sich erkennen, wie wichtig und richtig diese „junge" Perspektive ist. Jacob Chammon stellt Fragen zur Verquickung von Digitalisierung, Lern- und Lehrkultur, die uns sicher weiterbringen. Er weiß, wo wir am besten ansetzen können, um etwas zu bewirken.

Wie wichtig ist personeller Wechsel für einen Neubeginn?

Im Altgriechischen gibt es zwei Wörter für „Zeit". Chronos ist die Zeit, die quantitativ abläuft. Kairos hingegen meint Zeit im Sinne von einer besonderen Gelegenheit. Der Gott der Gelegenheit wurde glatzköpfig mit einem Schopf dargestellt, daher sagt man „die Gelegenheit beim Schopf ergreifen". Kairos ist für das Day-One-Konzept ein guter Verstärker. Oft hat Erfolg damit zu tun, einen Kairos zu erkennen und zu ergreifen. Ob personeller Wechsel oder Änderungen von Rahmenbedingungen – auf Gelegenheiten sollte man nicht warten, aber sie konsequent nutzen, sobald sie sich ergeben.

„Ob personeller Wechsel oder Änderungen von Rahmenbedingungen – auf Gelegenheiten sollte man nicht warten, aber sie konsequent nutzen, sobald sie sich ergeben."

Dr. Thomas de Maizière

In vier Jahrzehnten hat Dr. Thomas de Maizière in verschiedenen politischen Ämtern auf Landes- und Bundesebene Verantwortung übernommen. 1954 in Bonn geboren, ist er seit 1971 Mitglied der CDU. Sein erstes politisches Amt führte ihn als Mitarbeiter nach Berlin – zu den damals dort regierenden Bürgermeistern Richard von Weizsäcker und Eberhard Diepgen. 1994 bis 1998 war de Maizière Chef der Staatskanzlei in Mecklenburg-Vorpommern. Dann wurde er sächsischer Staatsminister der Finanzen, der Justiz und schließlich des Innern, bevor er 2005 Bundesminister und Chef des Bundeskanzleramts wurde. Zwischen 2009 und 2018 war er Bundesminister des Innern, der Verteidigung und schließlich wieder Bundesinnenminister. Inzwischen hat er sich aus dem politischen Geschehen zurückgezogen, übt nun jedoch zahlreiche Funktionen außerhalb der Politik aus. So ist er seit 2018 Vorstandsvorsitzender der Deutsche Telekom Stiftung. Ebenso steht er der Ethik-Kommission des Deutschen Olympischen Sportbundes vor und war Präsident des Evangelischen Kirchentags in Nürnberg 2023. Seine Heimat hat er in Dresden gefunden. In klassische Musik kann er abtauchen und einfach an nichts denken.

VISIONÄR, INNOVATIV, STRUKTURIERT

Schon Galileo Galilei sagte: „Neugier steht an erster Stelle eines Problems, das gelöst werden will." Auch heute brauchen innovative Unternehmen Mitarbeitende, die neugierig sind. Nur so können sie eine Vorreiterrolle einnehmen. Elke Anderl hat bis Januar 2024 über fünf Jahre hinweg die Abteilung Serviceentwicklung & Innovation (SE & I) im Geschäftsbereich Sales & Service der Telekom geleitet und geprägt. Im Interview spricht sie über den Zusammenhang von Innovationskraft und Neugier und erklärt, warum es wichtig ist, immer wieder zu betonen, dass der Kunde im Mittelpunkt des Handelns stehen muss.

Frau Anderl, der Sales- & Servicebereich der Telekom hat 30.000 Mitarbeitende. Wie hält man da die Neugier und Innovationsbereitschaft dauerhaft hoch?

Innovationskraft ist ein wesentlicher Treiber für langfristigen Erfolg. Wir müssen unseren Mitarbeitenden ermöglichen, sich mit Innovationsthemen zu beschäftigen und zu lernen. Sei es durch den Austausch untereinander oder auch durch die Teilnahme an Weiterbildungs- und Schulungsprogrammen.

Ein kleines, aber spannendes Beispiel dafür, wie wir Neugier und Innovationsgeist wecken, ist der „Promptathon", ein relativ neues Format, welches wir als Deutsche Telekom als einer der Ersten abgehalten haben. Künstliche Intelligenz (KI) ist ein transformatives Thema, das nicht nur einen Entwicklungsbereich betrifft, sondern jeden Mitarbeitenden. Und genau hier setzt der Promptathon an: Über 250 Kolleginnen und Kollegen – vom blutigen Anfänger bis zum KI-Experten – aus verschiedenen Fachbereichen haben sich, angelehnt an das Konzept eines Hackathons, mit der Nutzung generativer KI und

dem Entwickeln des bestmöglichen Prompts für eine Aufgabe beschäftigt. Die Teilnehmenden haben nach Lösungen gesucht und dabei die Potenziale, aber auch die Grenzen von generativer KI erkundet. Dabei entstand durch das gemeinsame Lernen eine Energie im Raum, die für jeden greifbar war und für mich ein großartiges Beispiel dafür ist, wie man Neugier und Innovationsbereitschaft fördert.

Wie entwickelt der Bereich SE & I Innovationen? Und wie wird entschieden, welche der Ideen tatsächlich umgesetzt werden?

Bei allem Innovationsgeist braucht es auch Systematik, sonst kommt man über eine Spielwiese von Ideen nicht hinaus. Sales & Service hat eine zwar kleine, aber eigene Einheit, die ausschließlich Trend- und Innovationsscouting betreibt. Die Kolleginnen und Kollegen sind diejenigen, die rausgehen und die Frage stellen, was es 2030 braucht, um in unserer Branche führend zu sein. Was verändert sich auf Kundenseite, was bei den Mitarbeitenden, was auf Technologieseite und wie spielt das letztlich zusammen? Wie müssen wir heute die Weichen für morgen stellen? Innovationen sind kein Selbstzweck: Es ist wichtig, dass sie relevant und skalierbar sind und auf die zugrundeliegende Strategie einzahlen.

Der Innovationsfunnel wird regelmäßig im Managementteam besprochen und es findet ein stetiger Austausch mit den Mitarbeitenden und Kunden statt, um zu selektieren, welche Themen systematisch weiterverfolgt werden und in welche Ressourcen gesteckt werden.

Eine Innovation für die Mitarbeitenden ist die „MagentaView", mit der sie erstmals eine 360-Grad-Sicht auf alle Kundenanliegen haben. Was ist das Besondere daran und wie zahlt es auf das Ziel des Bereichs ein?

Die MagentaView ist einfach, und das macht sie besonders! Die Mitarbeitenden wollen gut informiert in ein Gespräch gehen, um dann ihre Kompetenz und Empathie zu zeigen und um die Kunden bestmöglich zu beraten. Das können sie nur, wenn sie alle Informationen auf einen Blick haben und nicht in zahlreiche unterschiedliche Systeme schauen müssen. Dieses Ziel, alles auf einen Blick zu haben, war unsere Motivation, um das Tool dann gemeinsam mit den Kundenberatern zu entwickeln. Gebuchte Tarife, genutzte Geräte, Kundenanliegen aus der Vergangenheit, eventuelle Störungen – all das ist für sie nun direkt sichtbar. Und die MagentaView wird kontinuierlich weiterentwickelt. So kann sie unsere Mitarbeitenden immer besser bei der Kundenberatung unterstützen und die Erstlösungsquote steigern. Letztlich zahlt das neue System direkt auf das oberste Ziel ein: Kunden zu Fans zu machen.

„Beim Einsatz von Künstlicher Intelligenz geht es immer um das ideale Zusammenspiel von Maschine und Mensch."

Zunächst haben Sie mit der Idee nicht überall offene Türen eingerannt. Wie viel Day One steckt in der Entwicklung von MagentaView?

Um eine so große Innovation umzusetzen, braucht es zunächst einen Impuls. Diesen hat Ferri Abolhassan, bis Dezember 2023 Geschäftsführer von Sales & Service, gegeben. Dann braucht es ein Team aus Business und IT, das diesen Impuls aufnimmt. Entscheidend war, dass wir den potenziellen Bedenken keinen Raum gelassen haben. Und derer gab es zahlreiche: Das Vorhaben sei zu komplex, man solle lieber einen Kompromiss anstreben und nur kleine Schritte gehen. Oder die Warnung: „Daran sind schon viele gescheitert". Doch wir waren überzeugt von der Idee und haben einfach gemacht.

Ein weiterer Pluspunkt war, dass wir sehr schnell aus unserer Vision etwas Greifbares, ein Mockup, erstellt haben, mit dem wir konkret die Vorteile aufzeigen und sehr früh kommunizieren konnten. Auch dadurch wurde deutlich: Wir meinen es ernst. Kommunikation schafft Wirklichkeit.

Sie sprechen von den „Big 5" der digitalen Transformation. Worum geht es hier?

Während die MagentaView zunächst die sogenannte Employee Experience, das Erlebnis der Mitarbeitenden, betrifft, widmen sich die anderen Touchpoints MeinMagenta App, das MeinMagenta Kundencenter, der OneShop und unser Chatbot Frag Magenta der Customer Experience, also dem unmittelbaren Kundenerlebnis. Letzterer wurde 2022 erneut bundesweit und branchenübergreifend zum besten Chatbot ausgezeichnet – eine tolle Anerkennung und gleichzeitig Motivation und Ansporn, noch besser zu werden. Und wenn dies einmal nicht funktionieren sollte, dann haben unsere Kunden jederzeit die Möglichkeit, von der digitalen Frag Magenta zu einem Kundenberater zu wechseln.

Oberstes Ziel ist es, das beste Kundenerlebnis zu schaffen, und zwar unabhängig davon, über welchen Kanal uns der Kunde kontaktiert, und ob er den Kanal zwischenzeitlich wechselt. All das funktioniert nur durch bereichsübergreifende Zusammenarbeit. Als crossfunktionales Team arbeiten wir an diesen „Big 5".

Sie sagten, die Kunden sollen den Kontaktkanal problemlos wechseln können. Wo geht denn hier die Reise hin?

Wir werden in den nächsten Jahren einen Shift sehen von sogenannten „assisted" Kanälen wie Shops und Servicecentern hin zu den digitalen und „non-assisted" Kanälen. McKinsey geht davon aus, dass Kunden im Jahr 2030 zwar ähnlich viele Anliegen mit Firmen wie uns haben werden, diese jedoch zu mehr als 30 Prozent weniger in Servicecentern erledigen. Das Besondere daran ist, dass selbst in den menschlichen Interaktionen zwischen Kunden und Beratern eine digitale Assistenz die Kundenberater unterstützt, zum Beispiel durch kontextbasiertes Wissensmanagement, automatisches Ausfüllen von Formularen, Remote-Tools. Dadurch wird die Erledigung für Kunden und Mitarbeitende einfacher und effizienter sein.

Wir sprachen eingangs schon über KI. Welche Rolle spielt Künstliche Intelligenz für den Bereich SE & I?

Künstliche Intelligenz ist nicht nur ein Werkzeug, sondern als unverzichtbare Triebkraft bereits seit Jahren im Einsatz im Sales- & Servicebereich und in der gesamten Telekom. KI ermöglicht uns – neben Effizienzsteigerungen durch Automatisierung – das Kundenerlebnis durch individuelles Verständnis der Kundenbedürfnisse und Personalisierung deutlich zu verbessern. Dafür setzt SE & I auf einen Mix aus Kooperation mit externen Partnern und KI-Entwicklung durch eigene Experten.

Dabei geht es immer um das ideale Zusammenspiel von Maschine und Mensch. Beispielsweise pilotieren wir aktuell eine Innovation im Bereich Mitarbeiterkompetenz: Einerseits geben wir KI-basierte individuelle Lern- und Coachingempfehlungen für die persönliche Weiterentwicklung unserer Kundenberater und Außendiensttechniker. Anderseits werden Kundenberater ebenfalls KI-basiert in Echtzeit im Kundengespräch mit Lösungstipps unterstützt, damit sie sich besser auf den Kunden fokussieren können.

Wie finden Sie bei SE & I heraus, was Ihre Kunden wirklich wollen?

Wir hören ihnen zu – das gilt für den Bereich Sales & Service ebenso wie für die gesamte Telekom. Das geht zum einen, indem wir Kunden befragen und mit ihnen zusammenarbeiten, etwa über die Ideenschmiede. Dort können Kunden zum Beispiel in Workshops ihre Ideen und Verbesserungen zu Produkten und Services der Telekom einbringen. So gestalten wir mit ihnen gemeinsam die Telekom der Zukunft. Außerdem nutzen wir Daten und Analytics. Mit unseren Analysetools zeichnen wir beispielsweise Kundengespräche auf, sofern wir die Einwilligung dafür haben, transkribieren und analysieren diese. So ergründen und verstehen wir wiederkehrende Problemfelder frühzeitig und setzen dafür Lösungen auf, die wir so lange testen, bis sie einen perfekten Prozess abbilden. Der wichtigste Indikator dafür ist konzernweit der NPS, der Net Promoter Score.

Was ist der NPS und warum ist er eine so wichtige Kennzahl?

Der NPS hilft uns insgesamt bei der Telekom, die Anliegen und Bedürfnisse unserer Kunden besser zu verstehen. Für ein umfangreiches Bild erheben wir den NPS auf vier Ebenen und befragen unsere Kunden, wie wahrscheinlich es ist, dass sie uns weiterempfehlen – die Marke Telekom, das Produkt, die Customer Journey oder auch den Kundenkontakt zu uns.

Um den NPS als treibende Kraft für Serviceverbesserungen zu nutzen, erfordert es eine Neugier, sich jeden Tag aktiv mit dem Kundenfeedback auseinanderzusetzen, sowie Veränderungsbereitschaft im gesamten Unternehmen. Unsere operativen Teams arbeiten bereits heute mit ihrem individuellen Kundenfeedback und nehmen Kontakt zu unzufriedenen Kunden auf.

Seit Einführung des Programms konnten wir bei SE & I innerhalb eines Jahres den rNPS, den „relational" NPS, der die Zufriedenheit mit dem Unternehmen erfasst, um mehr als 10 Punkte steigern. Dies ist ein herausragender Erfolg, der zeigt, wie wichtig es ist, sich täglich mit dem NPS auseinanderzusetzen – und zwar übergreifend als ganzes Unternehmen. Nur so schaffen wir es, unsere Kunden zu Fans zu machen.

Was tut der Bereich Serviceentwicklung & Innovation außerhalb des Kerngeschäfts im Bereich Innovationen und Digitalisierung?

Hier möchte ich die Senioren-Akademie hervorheben, die für mich persönlich eine Herzensangelegenheit ist. Die Digitalisierung bestimmt unseren Alltag – in allen Altersgruppen und überall. Digitale Teilhabe ist für Menschen jeden Alters von großer Bedeutung und wir unterstützen Menschen mit einem Telekom-eigenen Konzept bei ihren ersten Schritten in der digitalen Welt. Wir führen seniorengerechte Seminare in unseren Telekom Shops und in Zusammenarbeit mit Vereinen und Verbänden vor Ort durch. Auf unserer Website haben wir ein Senioren-Portal eingerichtet, das als Eingangstor für alle, die an der Digitalisierung interessiert sind, dient. Wenn wir sehen, dass unsere älteren Kunden zum ersten Mal online einen Arzttermin vereinbaren oder via Facetime mit dem Enkelkind sprechen – das sind echte Day-One-Momente. Unsere Senioren-Akademie ist ein lebendiger Beweis für unser gesellschaftliches Engagement.

Woher nehmen Sie persönlich die Energie, jeden Tag den Day-One-Sprit zu leben?

Die Leidenschaft für mein Tun spornt mich an, täglich mein Bestes zu geben, für unsere Kunden und Mitarbeitenden, gemeinsam mit meinem tollen Team. Ich schöpfe Energie aus der Veränderung, die ich bewirken kann und die ich sehe: Ich kann einen Footprint hinterlassen! Die Tatsache, dass ich selbst wie wir alle in so vielen Momenten Kunde bin, lässt mich immer hinterfragen: Wie könnte ich dazu beitragen, das Kundenerlebnis an dieser Stelle noch zu verbessern? Was können wir von anderen lernen? Das gilt für meine neue Position im Vertrieb bei T-Systems genauso wie zuvor bei Sales & Service. Ein Erlebnis, das mir im Kopf geblieben ist, ist eine Erfahrung mit einem Fitnessgeräte-Hersteller, der es geschafft hat, mich zum Fan zu machen: vom digitalen Produktberater über den Vertrieb bis zum virtuellen Trainer – das hat mir super gefallen!

„Die Leidenschaft für mein Tun spornt mich an, täglich mein Bestes zu geben."

Elke Anderl

Ihre Karriere startete Elke Anderl in der Automobilindustrie und wechselte 1999 zur Deutschen Telekom. Sie arbeitete in verschiedenen Führungspositionen im Bereich Sales & Service unter anderem für die Deutsche Telekom und T-Systems in Singapur und in Japan. Von 2016 bis Ende 2018 leitete Elke Anderl den Bereich HR Development Performance Management und verantwortete bis Januar 2024 als Senior Vice President im Bereich Sales & Service der Telekom in Deutschland den Bereich Serviceentwicklung & Innovation. Neben der strategischen Ausrichtung und Transformation von Sales & Service ist sie für Customer Experience Management (CX), Qualitätsmanagement, Prozessoptimierung sowie Innovationen und den Einsatz innovativer Technologien für Kunden und Mitarbeitende verantwortlich. Seit Januar 2024 verantwortet sie den Vertrieb von T-Systems in Deutschland. Elke Anderl ist überzeugt, dass die optimale Verknüpfung von Mensch und KI entscheidend für ein bestmögliches Kunden- und Mitarbeitererlebnis ist und damit die Grundlage bildet, um Kunden zu Fans zu machen – heute und in der Zukunft.

„Es braucht Freiräume, um sich

treiben

zu lassen“

Jens Pfau ist überzeugt: Kreativität entsteht oft aus dem Moment des Neuanfangs, des unbeschriebenen Blatts Papier, das vor einem liegt. Im Interview spricht der Chief Creative Officer bei der Agentur Adam & Eve DDB darüber, wie es gelingt, Kunden immer wieder aufs Neue zu begeistern, und warum Marken sich trauen sollten, einfach mal auszubrechen.

Herr Pfau, Adam & Eve DDB gilt, gerade mit Blick auf außergewöhnliche Kampagnen-Kommunikation, als eine der weltweit renommiertesten Kreativagenturen. Inwiefern trägt ein spezieller Day-One-Spirit zu diesem Erfolg bei?

Was Adam & Eve als Agentur ausmacht, ist, dass wir trotz aller Erfolge – und hier blicke ich vor allem zu unserer Mutteragentur nach London – immer wieder bei null anfangen. Das heißt: Bei jedem neuen Etat, bei jeder neuen Aufgabe erlauben wir uns, in alle Richtungen zu denken – fast so, als wären wir Kinder am Anfang einer Reise. Es gibt keine Grenzen, keine Denkverbote, keinen falschen Weg. Wir lassen alle Gedanken zu und starten mit einem weißen Blatt Papier – das ist unser persönlicher Day One.

Das klingt erstmal nach einem simplen Rezept …

… ist aber im Arbeitsalltag gar nicht so einfach umzusetzen. Wenn sich die Aufgabenstellungen ähneln, neigen wir Menschen dazu, Bewährtes zu übernehmen und genauso weiterzumachen wie bisher. Wenn sich zum Beispiel Bewegtbildformate bei einem Kunden erfolgreich entwickelt haben, liegt es nahe, auch beim nächsten Kunden Bewegtbild in den Vordergrund zu stellen. Dabei gibt es so viele andere mediale Lösungen, die vielleicht besser zu diesem Kunden, zu dieser Aufgabe passen würden. Hier gilt es, immer wieder an den Anfang zurückzugehen und von vorne zu starten.

Sie leiten seit Mai 2022 gemeinsam mit Philipp Schwartz den Standort von Adam & Eve DDB in Berlin. Inwiefern dominiert bei einer noch so jungen Niederlassung der Start-up-Charakter?

Wir fühlen definitiv den Day-One-Spirit eines Start-ups. Jede Person, die neu zum Team hinzukommt, bringt einen anderen Hintergrund und andere Kompetenzen mit. Das führt zwangsläufig zu frischen Ideen – und somit zu spannenden Lösungsansätzen. Außerdem haben wir, typisch Start-up, wenig festgeschriebene Prozesse und flache Hierarchien.

Day-One-Momente sind in Ihrem Business ein Muss – schließlich geht es darum, die Kunden immer wieder aufs Neue zu begeistern. Wie gelingt das konkret?

Es gibt Kunden, deren Geschäft sich sehr wenig verändert. Da hat man im Grunde jedes Jahr aufs Neue dieselben Themen auf dem Tisch. Hier versuchen wir, über einen anderen Blickwinkel, über die Beimischung anderer Inhalte aktiv einen anderen Dreh hinzubekommen. Dabei orientieren wir uns zum Beispiel an aktuellen sozialen Entwicklungen, kulturellen Strömungen, einer Veränderung des Zeitgeists. Der Versuch, sehr aktuell zu sein, hilft dann oft auch in der Ausgestaltung – ein bereits existierendes Thema lassen wir neu aufleben und definieren es anders, als man es in den vergangenen Jahren getan hat. Und andersherum ist es so, dass gerade in der heutigen Zeit so viele Eindrücke, Einflüsse und Technologien auf uns einprasseln, die wir nutzen können, um frisch und anders zu sein. Diese Evolutionsgeschwindigkeit macht es uns vielleicht sogar einfacher denn je, mit neuen kreativen Ansätzen – zum Beispiel für Kampagnen, die national und international greifen sollen – um die Ecke zu kommen.

Wie gestalten Sie kreative Prozesse in Ihrer Agentur?

Auch wenn es bei uns keine Regelungen zu Büro- oder Homeoffice-Tagen gibt, glauben wir sehr an den persönlichen Austausch. Sich zusammensetzen, gemeinsam brainstormen, laut aussprechen, was man denkt, und versuchen, komplexe Themen verbal zu vereinfachen. Dabei spielen wir Pingpong – mit Wörtern, Sätzen, Bildassoziationen. So entstehen ganz oft schon Impulse und erste Ideen, die man später weiter verdichten kann, um schlussendlich etwas wirklich Kreatives, Ungesehenes zu schaffen. Bei diesen Prozessen greifen wir natürlich auch auf Kreativitätstechniken zurück, das Entscheidende ist aber, viel miteinander zu reden. Außerdem ist es wichtig, sich auch außerhalb der reinen Arbeitszeit besser kennenzulernen und sich aufeinander einzuspielen. Wir kochen und essen zum Beispiel oft gemeinsam. Denn man muss sich gut kennen, um auch immer wieder sagen zu können, wenn etwas nicht gut war.

Was braucht es für Sie persönlich, damit Kreativität „fließen" kann?

Ich versuche, meinen Kopf immer möglichst voll zu haben – mit Inspirationen. Für mich ist es tatsächlich so, dass sich Inspiration überall versteckt. Alles Neue, vor allem auch das Verlassen meiner eigenen Komfortzone, inspiriert mich. Und ich spreche gerne mit Menschen, die mit meinem beruflichen Umfeld nichts zu tun haben. Gerade neulich hatte ich ein unglaublich spannendes Gespräch mit einem Kapitän, der zur See fährt. Das Schwierigste im Alltag eines Kreativen ist es, sich die Freiräume zu erarbeiten, in denen man sich treiben lassen kann. Denn wenn der ganze Tag aus Terminen besteht, gibt es keine Zeit zum Denken, zum Kreieren, zum Freisein.

Wie wichtig ist das Bewahren einer kreativen Identität – aus Agentur- und aus Kundensicht?

Wir als Agentur brauchen wenig bis keinen Wiedererkennungswert. Das ist auch gar nicht erwünscht. Das Einzige, was wir in unserer DNA verankert haben, ist die Tatsache, dass wir immer emotional relevant sein wollen. „Feelings first" lautet unser Credo. Wenn wir es schaffen, dass die Menschen etwas fühlen bei dem, was wir ihnen vorsetzen, dann haben wir alles richtig gemacht.

Bei Unternehmen dagegen hat Wiedererkennung einen ganz anderen Stellenwert. Ich muss aber zugeben, dass ich diesem Thema skeptisch gegenüberstehe: Ein Wiedererkennungswert ist einerseits schon wichtig, aber meine Erfahrungen zeigen andererseits auch, dass es schnell zu viel des Guten sein kann. Dass eine Marke versucht, sich den Menschen aufzudrängen. Wenn eine Marke sich dagegen traut, auszubrechen und sich vielleicht mal nicht so ernst nimmt, dann kommt das bei den Menschen da draußen oft gut an. Und es zeigt: Die Marke ist beweglich, es steckt ein Unternehmen dahinter, das sich fortlaufend weiterentwickelt.

Wie hat sich das Agenturgeschäft mit der Zunahme von digitalen Kanälen verändert?

Es ist komplexer geworden, denn es gibt viel mehr Kanäle, die bespielt werden können. Und es gibt bei Unternehmen eine große Unsicherheit darüber, ob und was man alles machen muss. Und trotzdem hat sich für uns als Agentur erstmal relativ wenig verändert. Denn eine gute Idee bleibt weiterhin eine gute Idee und wird von den Menschen glücklicherweise auch so wahrgenommen.

Welchen Stellenwert hat eine gute Idee noch in Zeiten von Künstlicher Intelligenz (KI)? Wird das kreative Arbeiten – provokant gesagt – obsolet? Oder sogar besonders wichtig?

Ich habe keine Angst davor, dass KI die Kreativbranche morgen obsolet macht. Ich sehe KI vielmehr als Ermöglicher und Hilfsmittel, denn dank ihr können wir uns schneller ausdrücken und entfalten. Es entstehen neue Chancen für Kreativität und auch wieder neue mediale Möglichkeiten, die es zu bespielen gilt. Ich bin davon überzeugt, dass sich die Art und Weise, wie wir über KI und andere Technologien Werbung, Content, Kommunikation und Entertainment konsumieren, in den nächsten Jahren nochmal deutlich verändern wird. Und dennoch ist es der Mensch, der den entscheidenden Unterschied macht: Eine KI ist stärker als der Mensch darauf angewiesen, auf das zurückzugreifen, was schon mal da war. Den Day-One-Spirit, den es braucht, um wirklich Neuartiges zu kreieren, hat die KI nicht.

Jens Pfau

Seit 2022 leitet Jens Pfau als Chief Creative Officer das Berliner Büro der britischen Kreativagenturmarke Adam & Eve DDB. Für diese neue Aufgabe verließ Pfau nach 17 Jahren die Agentur Jung von Matt, bei der er zuletzt Partner und Kreativgeschäftsführer war. Dort betreute er neben zahlreichen anderen Kunden in den vergangenen zwölf Jahren die Marke Edeka, für die er bekannte Kampagnen wie „Supergeil" und „Heimkommen" entwickelte. Er gehört mit mehr als 200 internationalen Preisen zu den meistausgezeichneten Kreativen Deutschlands und ist Mitglied in den Jurys zahlreicher internationaler Kreativ-Awards. Wenn er sich nicht seiner Arbeit widmet, versucht er sich mit seiner Gitarre als Hobbymusiker.

Das Glück des ersten Tages

„Das Glück des ersten Tages ist ein besonderer Schatz, lang ersehnt, hart erkämpft, unendlich wertvoll. Man muss ihm Zeit lassen, in die Tiefen des Herzens einzudringen, Wurzeln zu schlagen. Für den fernen Tag, den man noch nicht erahnen kann, der trotzdem kommt. Der Tag, an dem der Aufstieg hart und die Aussichten düster sind. Der Tag, an dem das Leben sich plötzlich mit voller Wucht entgegenstemmt. Wenn man sich dann, der Anstrengung müde, niedersetzt, alle Kraft verloren glaubt und den Sinn nicht mehr versteht, wird sich das Glück des ersten Tages aus der Stille erheben. Der Schatz, den man am ersten Tag in sein Herz gebrannt hat, wird plötzlich wieder leuchten und Zuversicht verströmen. Die Wangen werden glühen und die Begeisterung wird aufflammen und allen Widrigkeiten begegnen. Und man wird lachen, dass man überhaupt daran gedacht hat hinzuschmeißen, aufzugeben."

Wenn Helga Hengge über Motivation und den Umgang mit körperlichen und psychischen Grenzerfahrungen spricht, weiß sie genau, wie sich das anfühlt. Sie war die erste deutsche Bergsteigerin, die den Gipfel des Mount Everest erfolgreich erklommen hat. Ob als Unternehmen oder im Extremsport, ob Rückschläge hier oder unvorhergesehene Schneestürme dort – der Erfolg hängt davon ab, ob man sein Ziel im Blick behält.

Mount Everest Basecamp, 5.200 Meter

Die Nordwand des Mount Everest stand wie eine Göttin, größer, höher, mächtiger, als ich sie mir vorgestellt hatte, die Arme schützend ausgebreitet über den Hofstaat des Himalaya zu ihren Füßen. Ich schaute lange zu, wie die Schatten der umliegenden Berge durch die steile Nordwand aufwärtsstiegen. Über unseren Zelten brach die Nacht herein, der Wind wehte eisig von den Gletschern. Die Gebetsfahnen, die wir zu Ehren von Chomolungma, wie der Mount Everest in Tibet genannt wird, aufgehängt hatten, flatterten mit lauten Schlägen, aufbrausend, ungeduldig. Die breite Gipfelpyramide stand in Stille und hielt die Strahlen der Sonne in ihrem Bann. Ich spürte den Herzschlag in meiner Brust, kraftvoll, entschlossen. Meine Wangen glühten vor Glück. Ich hatte so lange von diesem Tag geträumt.

New York, drei Jahre zuvor

Ich erinnere mich noch genau an den Nachmittag, an dem ich die höchsten Berge der Welt für mich entdeckte. Ich war Ende 20, lebte in New York, arbeitete als Moderedakteurin und hatte gerade mit dem Klettern angefangen, an einer Kletterwand in meinem Yogastudio. An jenem Nachmittag ging ich in eine Buchhandlung, auf der Suche nach einem Kletterführer für die Routen an den Felswänden in der Umgebung von New York. Als ich diesen nicht fand, nahm ich einen Stapel Bergbücher aus dem Regal, ließ mich in einen der dicken braunen Ledersessel sinken und begann zu schmökern: „Wild Rocky Mountains", „Summits of the Alps", „Giants of the Himalaya". Dann fiel mir ein kleineres Buch von Dick Bass in die Hände. Es trug den Titel „Seven Summits". Sieben Gipfel, jeder der höchste auf seinem Kontinent. Ich wusste gar nicht, dass es auf jedem Kontinent hohe Berge gab. In der Antarktis, in Ozeanien? Gespannt blätterte ich durch die Bildseiten. Aconcagua, der „Steinerne Wächter" der Anden. Kilimandscharo, der schneebedeckte Vulkan in Afrika. Elbrus, die Gipfelkrone Europas im wilden Kaukasus. Denali, der „Hohe" in Alaska. Mount Vinson, der Kälteste in der Gletscherwüste der Antarktis. Mount Kosciuszko in Australien und der höchste Berg der Welt, Mount Everest im Himalaya.

Es dauerte nicht lange, da stieg ich mit Dick Bass durch Regenwälder und steile Nordwände, wanderte an seiner Seite durch das blaue Licht der Arktis und die gefrorene Wüste der Antarktis, durch schreckliche Winterstürme und stille Gipfelnächte bis hinauf auf den ausgesetzten Gipfelgrat des Mount Everest. Auf dem höchsten Berg jedes Kontinents zu stehen, den Himmel zu berühren und weit über das Land hinauszuschauen – ein größeres Abenteuer konnte ich mir nicht vorstellen. Dass ich nicht auf den Mount Everest steigen würde, war mir schon klar. Dazu musste man als Bergsteiger geboren sein und das war ich nicht. Aber die sechs kleineren Berge der „Seven Summits", das konnte ich mir vorstellen. Das war bestimmt möglich, dachte ich in meinem ersten aufflammenden Übermut. Und ich erinnere mich noch genau an das breite Grinsen, mit dem ich an diesem Nachmittag über den Union Square nach Hause ging, mit dem Buch unterm Arm.

Mein Training begann am nächsten Morgen mit drei Laufrunden um den Washington Square Park. Bis Weihnachten schaffte ich zwölf Runden, knapp zehn Kilometer in einer Stunde, fünf Mal die Woche, und 45 Minuten auf dem Steppgerät mit Gewichten im Rucksack. Ein halbes Jahr später stieg ich auf den Aconcagua in Argentinien, mit 6.960 Metern der höchste Berg Südamerikas. Andere 6.000er folgten, in den Anden und im Himalaya, zwei Jahre später ein „kleiner" 8.000er in Tibet. Ich hatte das große Glück, dass bei fast jeder meiner Expeditionen jemand dabei war, der schon mal am Everest war, oder einen anderen kannte, der schon auf den höchsten Berg der Welt gestiegen war. Und immer, wenn wir im Sturm am Berg im Zelt zusammensaßen und uns nichts anderes übrigblieb als unsere Hände an einer heißen Tasse Tee zu wärmen und den Launen der Wettergötter zu harren, packte dieser Bergsteiger die großen Geschichten vom Everest aus, erzählte mit leuchtenden Augen von den Abenteuern, die er oder andere am Everest erlebt hatten. So lernte ich den Berg kennen und wusste bald, auf welche Herausforderung ich mich einlasse, wenn ich mich einer Expedition anschließe. Drei Jahre später stand ich im Basecamp.

Expedition Mount Everest

Der Aufstieg auf den höchsten Berg der Welt dauert zwei Monate, am Berg im Zelt. Startpunkt auf der Nordroute in Tibet ist das Basecamp auf 5.200 Meter Höhe. Die ersten sechs Wochen verbrachten wir damit, vier Höhencamps einzurichten, jedes eine Tagesetappe vom nächsten entfernt. Camp 1 auf 7.000, Camp 2 auf 7.600, Camp 3 auf 7.900 und Camp 4 auf 8.300 Metern. Wir näherten uns unserem Ziel in Etappen, um uns langsam an die sauerstoffarme Luft zu gewöhnen, die Route kennenzulernen, Grenzen zu testen und als Team zusammenzuwachsen. Es waren die Launen des Jetstroms, die unseren sorgfältig ausgearbeiteten Plan immer wieder störten. Dann wurden aus den großen Herausforderungen, vor denen wir so stolz gestanden hatten, plötzlich fast unüberwindliche Probleme. Eisige Winterstürme brachen über den Berg herein und hielten uns tagelang im Basecamp gefangen. Dann waren die Aussichten düster und die Stimmung im Team sank. Manche fielen in Schwermut, andere stemmten sich der Unsicherheit mit Ärger und Wut entgegen. Die Sherpas verloren nie den Glauben. Sie vertrauten dem Berg und bewahrten immer eine bewundernswerte Ruhe. Sie wussten, dass mit großen Herausforderungen auch große Schwierigkeiten kommen und dass es am Everest darum geht, diese zu überwinden und über sich selbst hinauszuwachsen.

Aufstieg zum Gipfel

In der letzten Maiwoche schob der herannahende Monsun den Jetstrom endlich in höhere Luftschichten und unser Bergführer Russell Brice gab den Startschuss für den Aufstieg. Loppsang Sherpa führte das Gipfelteam an. Kurz nach Mitternacht verließen wir die Zelte auf 8.300 Metern und stiegen im Licht des Mondes durch die Felsen der Gipfelpyramide. Der Anfang war hart und es dauerte eine Weile, bis ich einen Rhythmus gefunden hatte und mein Körper sich aufwärmte. Als der Mond in die tiefliegenden Wolken eintauchte und verschwand, hatten wir den Grat erreicht. Loppsang und ich knieten im gefrorenen Schnee der Wechte, den Schneeverwehungen, die sich am Gipfel ergeben, und schauten hinaus, weit über die unzähligen Gipfelspitzen, in die Stille der Nacht. Und ich wusste auf einmal, warum ich hierhergekommen war: Hier waren die Götter zu Hause, im Land des Schnees, im Himalaya.

Kurze Zeit später wanderten erste Lichtschwaden über die Himmelstürme des gewaltigen Gebirges. Als die Sonne zu uns aufstieg, wärmte sich die Luft und unsere Schritte wurden leichter. Es ist ein unbeschreibliches Gefühl, auf ihn zuzugehen, sich zu drehen und zu drehen und nur noch blauen Himmel zu sehen, nach all den Wochen, in denen wir immer nur hinaufgeschaut hatten, in die Nordwand, die wie eine unüberwindliche Mauer über uns stand. Zwei Monate, in denen es auch einige Tage gegeben hatte, an denen ich am liebsten alles hingeschmissen hätte, an denen ich keine Lust mehr hatte auf Abenteuer und harte Arbeit am Berg, Tage, an denen es mir zu kalt und zu anstrengend war und ich am liebsten nach Hause gefahren wäre, um in eine heiße

Helga Hengge

Als erste Deutsche erklomm Helga Hengge erfolgreich den Gipfel des Mount Everest und bestieg die Seven Summits – die höchsten Berge der sieben Kontinente. Sie startete ihre Karriere in München bei der Zeitschrift Vogue als Moderedakteurin. 1991 zog sie nach New York, arbeitete als freie Moderedakteurin und studierte Marketing, Philosophie und Film an der New York University. 1996 entdeckte sie ihre Leidenschaft für die Berge und erklomm in kurzer Folge viele Gipfel auf ihrem Weg zur Extrembergsteigerin. Am 27. Mai 1999 schaffte sie den Aufstieg zum Gipfel des Mount Everest über den Nordost-Grat in Tibet. Helga Hengge ist Keynote-Rednerin und Autorin zahlreicher Publikationen, bekannt wurde sie nicht zuletzt durch ihre Auftritte bei Markus Lanz, Reinhold Beckmann, Johannes B. Kerner und Harald Schmidt. Heute lebt sie mit ihrer Familie in der Nähe von München. Sie hat zwei Kinder.

Bücher von Helga Hengge:
„Nur der Himmel ist höher", ISBN 978-3000311406
„Abenteuer Seven Summits", ISBN 978-3000575389

Badewanne zu sinken und nie mehr an diesen Berg zu denken. Dass ich das nicht getan habe, habe ich meinem Team zu verdanken, ganz besonders den Sherpas und unserem Bergführer, denen es immer wieder gelungen ist, uns für diesen Berg zu begeistern. Einmal, als ich schon viele Tränen vergossen hatte, war Russell im Basecamp zu mir gekommen und sagte: „Helga, du kannst schon nach Hause fahren, aber du solltest es erst tun, wenn du dir sicher bist, dass du dein Bestes gegeben hast. Das bist du dem Berg schuldig und der Idee, mit der du in dieses Abenteuer gestartet bist." Er hatte recht. Sein Bestes zu geben ist das Versprechen des ersten Tages. Das Glück, das ich am ersten Tag im Basecamp gespürt hatte, die unbändige Vorfreude und mit ihr die Entschlossenheit, mich auf ein Abenteuer einzulassen und weit aus meiner Landkarte hinauszuwandern, haben mich auf den höchsten Berg der Welt geführt, auf ein kleines Schneefeld, wo nur noch der Himmel höher ist.

Day-One-Spirit ist für mich das Glücksgefühl, das dem ersten Tag innewohnt: Vorfreude, Aufbruch, Neugier, Tatendrang, Lust auf Abenteuer und die Bereitschaft, das Unmögliche möglich zu machen, hart zu arbeiten, Risiken einzugehen, Grenzen auszuloten und mein Bestes zu geben, um über mich selbst hinauszuwachsen.

„Wir sind ein Business-Chamäleon“

Jörg Herweck hat die Herweck AG 1985 zusammen mit Dieter Philippi gegründet. Zum Start haben die beiden Designtelefone aus Hongkong importiert. Heute zählt der Hidden Champion aus dem Saarland zu den Top-Playern im Bereich der IT- und Kommunikationstechnik – einer Branche, die sich über die Jahrzehnte rasant verändert hat. Wie sich der Großhändler immer wieder hinterfragt, was seine mutigste Wette war und wie er es schafft, Mitarbeitende zu begeistern und zu halten.

Der Erfolg der Herweck AG ist verknüpft mit der Schauspielerin Joan Collins. Für die jüngeren unter den Leserinnen und Lesern: Sie ist das Biest aus der 80er-Jahre-Kultserie „Denver-Clan" und liebte es, ihre Intrigen per Telefon zu spinnen. Vorzugsweise mit einem Modell in Form einer Mickey Mouse oder einer Ananas. Diese Designapparate avancierten mit dem Hype der Serie zum begehrten Must-have, denn sie galten als deutlich cooler als Omis beiges Telefon. Im biederen Deutschland, wo das Telefonmonopol fest in der Hand der Deutschen Post lag, waren diese Modelle allerdings nicht zu kaufen.

Jörg Herweck, damals noch BWL-Student in Saarbrücken, ließ sich von der Euphoriewelle mittragen. „Wenn die jeder oder jede haben will, dann holen wir sie nach Deutschland", beschloss Herweck. Das war 1986 – also weit vor Google – und damit leichter gesagt als getan. Er schrieb per Luftpost die Federal Communications Comission (FCC) in den USA an, um über die in der Platine eingravierte Nummer den Namen des Herstellers zu erfragen. Die Behörde regelt seit 1934 die Kommunikationswege Rundfunk, Satellit und Kabel. Dort antwortete man ebenso zügig wie freundlich: Hersteller sei Dialphone in Hongkong. Der Student buchte einen Platz in einer Lufthansa-Maschine. Im Hotel drückte er dem Concierge den Zettel mit der Adresse in die Hand, den dieser auf Mandarin übersetzte und in chinesische Schriftzeichen übertrug, und beauftragte ihn mit einer Terminvereinbarung für den kommenden Tag. Das Taxi brachte den angehenden Kaufmann in ein verrauchtes Industriegebiet, dort orderte er 200 Stück der begehrten Modelle. Mehr wollte Dialphone beim ersten Auftrag nicht rausrücken. So brachte Herweck die Designtelefone unter die deutsche Society. „Wir befanden uns damit am Rande der Legalität, denn die Apparate durften eigentlich nicht angeschlossen werden. Die Deutsche Post hatte ja das Monopol auf Endgeräte, Netz und Leitung. Es hieß auch, es könnten durch den Betrieb dieser Telefone Flugzeuge abstürzen", sagt Herweck. Der frischgebackene Unternehmer ließ sich nicht beirren und flog stattdessen regelmäßig nach Taiwan, um direkt ab Fabrik Nachschub zu ordern.

Eine halbe Million Pakete jährlich

Später brachte Siemens dann schnurlose Telefone auf den Markt. Geräte mit eigener Zulassung und ohne juristisches Risiko. So wurde Herweck zum Siemens-Großhändler. Heute gehört die Herweck AG zu den Marktführern im Bereich IT- und Kommunikationstechnik. Das Unternehmen mit mehr als 320 Mitarbeitenden beliefert in ganz Deutschland den Mobilfunk-Einzelhandel und Systemhäuser, die Firmen mit Telekommunikationstechnik, Telefonanlagen und Konferenzsystemen ausstatten. Herweck, dessen eigene Handynummer noch aus der Mobilfunksteinzeit stammt und insgesamt sechs Nullen hat, arbeitet mit Netzbetreibern wie der Telekom, O2 oder Vodafone und mit Herstellern wie Apple oder Samsung zusammen. Außerdem bietet das Unternehmen aus dem saarländischen St. Ingbert Dienstleistungen rund um die Hard- und Software an. In der Branche zählt die Herweck AG zu den Topadressen. Doch dem Endverbraucher sagt der Name wenig – bis nichts. „Wir arbeiten im Hintergrund. Die wenigsten wissen, dass ihr neues Handy aus unserem Logistikzentrum kommt", erklärt Herweck. Rund 500.000 Pakete verlassen das Lager jährlich.

Doch wie schafft man es, sich von den Wettbewerbern abzuheben, die dieselben Produkte und Dienstleistungen anbieten? „Unser Pfund sind die persönliche Betreuung und der Außendienst, den wir uns leisten. Wo andere glauben, ihn streichen zu können, legen wir noch eine Schippe drauf", sagt Herweck. Da zu sein, sich die Zeit miteinander zu nehmen, zuzuhören, gemeinsam Wege zu suchen, darauf komme es an. Was Herweck ebenfalls auf der Habenseite verbucht: Sein Unternehmen spricht die Konzernsprache, aber auch die Sprache der Einzelhändler. „Diese beiden Welten zusammenzubringen, das ist ein wichtiger Teil unserer Daseinsberechtigung", so der Gründer. Der Erfolg gibt Herweck recht: Entgegen dem Markttrend konnte

„Der Plan ist, dass es keinen Plan gibt. Das ist Teil unserer Unternehmens-DNA."

das Saarländer Unternehmen zuletzt vor allem im Bereich Mobilfunk wachsen und erzielte 2022 mehr als 500 Millionen Euro Umsatz.

Die Umbrüche der Zeit für sich nutzen

Um mit den tiefgreifenden Veränderungen der Rahmenbedingungen umzugehen, braucht es immer den wachsamen Blick auf Menschen und Märkte. Wie sich die Branche, der Wettbewerb und die Wünsche der Kundschaft verändern werden, kann Herweck nicht planen. Natürlich verfolge man stets das Meta-Ziel, Wachstum zu erzielen, Gewinne zu generieren und ein stabiles Geschäft aufzubauen – und zwar auf lange Sicht. In der Strategie ist dagegen Flexibilität gefragt. „Der Plan ist, dass es keinen Plan gibt. Das ist Teil unserer Unternehmens-DNA", erklärt der Manager. Nachvollziehbar in einem Markt, der so schnelllebig ist wie kaum ein anderer.

Zu den Prinzipien von Day One gehören neben der unermüdlichen Kundenorientierung und der langfristigen Wertschöpfung auch viele mutige Wetten. Solche musste der CEO, der in seiner Freizeit gerne Tennis spielt, Yoga macht und Fitnesssport ausübt, einige eingehen. Die wohl mutigste Wette war, als die Telekom 5.000 neue ISDN-Vertragsabschlüsse wollte. Das war Anfang der 90er-Jahre und allen erschien das als komplett illusorisch. Jeder dachte, 100 Stück wären maximal machbar. Deshalb hatte die Telekom für die Erbringung der 5.000 neuen ISDN-Kunden einen sehr hohen Bonus ausgelobt: eine Million D-Mark. Das spornte den Kampfgeist des Topmanagers an. „Plötzlich explodierte der Markt und wir konnten die Prämie kassieren. Bis dahin hatten wir noch nie so viel Geld auf einmal verdient."

Gleichzeitig bedeutet Day One auch, das eigene Tun immer wieder zu hinterfragen – und falls nötig einen Kurswechsel zu unternehmen. „Wir haben vor zwei Jahren entschieden, Amazon nicht mehr zu beliefern. Anlass waren Meinungsverschiedenheiten bei finanziellen Themen", sagt Herweck. Das habe sein Unternehmen einiges an Umsatz gekostet, aber ihm in der Industrie auch Respekt eingebracht. Auf die kleinmargigen Aufträge zu verzichten, entpuppte sich als Gewinn.

Sich den Veränderungen vorausschauend stellen

Wenn ein Unternehmen von zwei auf über 300 Mitarbeitende wächst, dann ist das für alle Beteiligten ein Kraftakt. „Wir sind langsam und stetig gewachsen, haben keine zu großen Sprünge gemacht. Das ist anders als bei Unternehmen, die Investoren an Bord haben. Da zählt in erster Linie, die Leute zu begeistern und schnell zu wachsen. Da ist der Exit das Business-Modell", sagt Herweck. Mit fremdem Geld haben er und sein Kompagnon Dieter Philippi nie gearbeitet, nur mit Eigenkapital.

Auch wenn sich das Unternehmen Zeit mit der Expansion gelassen hat, ein solches Wachstum bringt auch Wachstumsschmerzen mit sich, insbesondere bei der Belegschaft. „Ohne gute Kommunikation geht es nicht", sagt Herweck. Alles müsse gut begründbar, transparent und nachvollziehbar sein. Nicht nur wenn aufgestockt, sondern vor allem wenn abgebaut wird. Beispielsweise dann, wenn ein Teil eines bestimmten Produktsortiments eingestellt oder gleich eine ganze Abteilung mit fünf bis zehn Leuten dicht gemacht werde. Das sei für alle dramatisch. „Wenn es aber nachvollziehbar erklärt wird, dann haben wir zumindest die Chance, dass nicht alle anderen in Schockstarre verfallen, weil sie denken: Morgen sind wir dran", meint der Firmengründer.

Unterdessen gibt es kaum Fluktuation bei Herweck. Kürzlich wurde die Personalnummer 1.000 vergeben. Knapp die Hälfte der Mitarbeitenden, die bei Herweck je eingestellt wurden, sind noch da. Das Unternehmen will weiter wachsen und sucht dafür geeignetes Personal. Doch auch in St. Ingbert grassiert der Fachkräftemangel, da hilft es auch wenig, dass die Herweck AG zu den Hidden Champions zählt. „Wir haben lange undercover agiert. Das war falsch", gibt Herweck unumwunden zu. Inzwischen ist das Unternehmen auf Arbeitsmessen vertreten und investiert in Außenwerbung.

Der Kommunikationsstil: eher flexibel-modern als klassisch-hierarchisch

Man muss als Arbeitgeber und natürlich auch als Unternehmen wettbewerbsfähig bleiben. Das gelingt nur, wenn man Strukturen schafft, die Innovationen zulassen. Bei Herweck braucht es dafür weder Excel-Tabellen noch Kommunikations-Tools. Die Mitarbeitenden tragen die Ideen direkt an die Chefs heran. „Meine Bürotür steht immer offen", sagt Herweck. Diese Nahbarkeit ist eine der Voraussetzungen, die Innovationen erst möglich machen. Nicht selten schneit ein Mitarbeiter rein, der dem Chef rät: „Da sollten wir was tun."

Ein Puzzlestück des guten Miteinanders ist auch der Mittwochstalk, in dem der gesamte Vorstand, also Herweck, Philippi und Hans-Jürgen Witfeld, sich mit jeweils fünf Mitarbeitenden aus allen Bereichen des Unternehmens zum Mittagessen in der Kantine verabredet und jeder über Probleme, Wünsche, Anregungen mit Vorstand und Inhabern sprechen kann.

2025 feiert die Herweck-Gruppe ihr 40-jähriges Bestehen. Doch wo wird das Unternehmen im Jahr 2030 stehen? Laut Jörg Herweck wird nicht mehr der Handel mit dem Endgerät das Hauptgeschäft ausmachen. Der Trend geht zur Dienstleistung. Vertrieb, Abrechnung, Kundenbetreuung, Marketing, das können sie in

St. Ingbert günstiger als die Konzerne. „Unsere Zukunft heißt Dienstleistung as a Service, Supplier as a Service“, sagt der Firmenchef. So wird sich Herweck wieder einmal den sich ändernden Rahmenbedingungen anpassen und die Umbrüche der Zeit für sich zu nutzen wissen. „Wir sind ein Business-Chamäleon, das ist unsere Stärke“, so Herweck. „Und sollten morgen wieder Mickey-Mouse-Telefone gefragt sein, werden wir sie übermorgen auf Lager haben.“

Jörg Herweck

Noch vor Abschluss seines BWL-Studiums gründete der 1965 geborene Jörg Herweck als 20-Jähriger zusammen mit Dieter Philippi die Herweck AG. Aus der ursprünglichen Geschäftsidee, dem Handel mit importierten Anrufbeantwortern und Designtelefonen, entstand einer der führenden Großhändler im Bereich IT- und Kommunikationstechnik. Die Herweck AG beschäftigt inzwischen 320 Mitarbeitende. Herweck ist verheiratet und hat eine Tochter. In seiner Freizeit ist er vielseitig aktiv: Mit Fitness, Tennis und Yoga hält er sich fit. Besonders gerne geht er mit seinen Hunden im nahegelegenen Wald spazieren: „Bei dieser täglichen Routine kann ich wunderbar entspannen und mich neu motivieren, da ich in diesen Augenblicken ausschließlich im Jetzt lebe.”

„Dem Markenkern treu bleiben und dennoch Neues entwickeln“

Was braucht es, um erfolgreich zu gründen? Mit welchen Herausforderungen müssen junge Unternehmerinnen und Unternehmer umgehen? Und wie steht es eigentlich um die deutsche Gründermentalität? Investorin Janna Ensthaler im Gespräch mit den Unternehmerinnen der Marke für veganes Hundefutter „Vegdog“, Tessa Zaune-Figlar und Valerie Henssen. Einig sind sich die drei erfolgreichen Macherinnen schon mal in der Frage, ob es mehr Day-One-Spirit in der Gesellschaft braucht: „Ja, definitiv!“

Frau Ensthaler, Sie haben nach Ihrer Beratertätigkeit Unternehmen in ganz verschiedenen Branchen gegründet – zum Beispiel die Kosmetikfirma Glossybox und die Plattform für Eventlocations Event Inc. Was hat Sie dazu inspiriert, den Schritt in die Selbstständigkeit zu gehen?

Janna Ensthaler: Ich war damals 28 Jahre alt und habe gespürt, dass mir in meinem Angestelltendasein das Machertum fehlt. Ich wollte etwas erschaffen, ein eigenes Unternehmen aufbauen, Verantwortung übernehmen. Da mir das Thema gesunde Ernährung schon immer am Herzen lag, habe ich in Hamburg einen Suppen- und Salatladen übernommen. Der Start war überhaupt nicht glamourös – ganz im Gegenteil. Ich habe alles gemacht: vom Einkaufen auf dem Großmarkt am frühen Morgen über das Schnippeln des Gemüses bis hin zum Abrechnen der Kasse am späten Abend. Das war ehrlich gesagt super hartes Brot, aber auch das Beste, was mir je passieren konnte.

Das müssen Sie erklären.

JE: Jeder, der schon mal ein eigenes Unternehmen gegründet hat, weiß: Die Tiefen sind besonders tief, die Höhen besonders hoch. Es gibt viele Momente, in denen man einfach nur verzweifelt ist. Aber ich habe in dieser ersten Zeit als junge Unternehmerin auch gelernt, an einer Vision festzuhalten und mich nicht unterkriegen zu lassen. Dieser Day-One-Spirit begleitet mich bis heute.

Sie sind seit 2023 als neue Investorin in der Fernsehsendung „Die Höhle der Löwen" zu sehen. Dort haben Sie nur wenig Zeit, sich einen ersten Eindruck von den Bewerberinnen und Bewerbern zu verschaffen. Was sind die wichtigsten Kriterien, die über Investieren oder Nichtinvestieren entscheiden?

JE: Bei mir spielen vor allem zwei Faktoren eine Rolle: Mir ist zum einen wichtig, dass die Gründerinnen und Gründer ihr Thema authentisch und leidenschaftlich vertreten und ich ihnen vom ersten Bauchgefühl her vertrauen kann. Gerade weil bei „Die Höhle der Löwen" nichts gescriptet ist und wir die Personen und deren Produkte vorher nicht kennen, spielt die erste Intuition bei mir eine große Rolle. Zudem muss ich sehen können, dass sie nicht nur eine gute Idee haben, sondern auch der Weg hin zur Realisierung der Idee clever durchdacht ist. Das heißt: Gründerinnen und Gründer sollten nicht nur die Zahlen ihres eigenen Unternehmens genau kennen, sondern auch wissen, wie sich die Märkte entwickeln und wer die Wettbewerber sind.

Wie entscheidend ist Ihrer Meinung nach ein Day-One-Spirit, wenn es darum geht, erfolgreich zu gründen?

JE: Ein Day-One-Spirit ist absolut elementar! Wenn ich aus meiner Erfahrung als Unternehmerin und Investorin den

Janna Ensthaler

Die gebürtige Bonnerin Janna Ensthaler studierte nach einem Einser-Abitur an der renommierten Oxford University Wirtschaftswissenschaften. Es folgte ein Masterstudium in „International Relations". Nach ihrem Berufseinstieg als Unternehmensberaterin gründete Ensthaler diverse eigene Unternehmen – etwa die Plattform für Eventlocations Event Inc und die Kosmetikfirma Glossybox. Seit 2021 fokussiert sich Ensthaler auf ihre Tätigkeit als Investorin und ist Partnerin des von ihr gegründeten Green Generation Fund. Seit April 2023 ist sie zudem als Investorin in der Fernsehsendung „Die Höhle der Löwen" zu sehen. Das Leben als Unternehmerin, Investorin und Mutter ist auch für sie eine Herausforderung: „Ich brauche dafür viel Disziplin, gute Organisation und habe zudem das Glück, mich auf die Unterstützung von Ehemann, Großeltern, Familie, Team und Freunden verlassen zu können."

„perfekten“ Gründer beschreiben sollte, dann würde ich sagen, dass diese Person viel Mut und Durchhaltevermögen mitbringt und unabhängig von anderen ihre Vision verfolgt. Sie oder er ist extrem gut darin, Menschen zu begeistern – und kann schlussendlich die eigene Vision nicht nur kommunizieren, sondern auch verkaufen. Es ist also gutes Storytelling gefragt.

Für welche Themen brennt Ihr Herz besonders?

JE: Für mich sind die Themen GreenTech, FoodTech und ClimateTech absolut zentral – in Unternehmen aus diesen Sparten investiere ich auch mit dem Green Generation Fund, den ich gemeinsam mit Manon Sarah Littek im Jahr 2021 gestartet habe. Vor jedem Investment stelle ich mir die Frage: Wie sieht eine ideale Zukunft für Deutschland, für die Welt aus? Und trägt das Unternehmen, in das ich investiere, dazu bei, diesen Weg mitzugestalten? Die wichtigsten Themen unserer Zeit sind zweifellos die Klimakrise und die daraus resultierende Debatte rund um Nachhaltigkeit. Ich gehe die Themen an, die jetzt besonders relevant sind.

Mit einem relevanten Thema haben auch Sie sich auseinandergesetzt, Frau Zaune-Figlar. 2015 gründeten Sie „Vegdog“ – ein Start-up für veganes Hundefutter. Wie entstand diese ungewöhnliche Geschäftsidee?

Tessa Zaune-Figlar: Ich hatte nie den Vorsatz, ein Unternehmen zu gründen, sondern ich hatte ein Problem und war auf der Suche nach einer Lösung. Mein Schäferhund-Mischling Nelson litt unter einer Futtermittelallergie, er vertrug also das gängige Futter überhaupt nicht. Irgendwann war ich bei Pferdefleisch und Kartoffeln angekommen – ohne irgendeine Besserung bei ihm zu sehen. Die Tierärztin schlug daraufhin vor, auf tierisches Protein komplett zu verzichten und stattdessen pflanzliches Protein zu verfüttern – den Hund also vegan zu ernähren. 2015 war eine vegane Ernährung noch nicht so bekannt wie heute und ich habe mich am Anfang gefragt: Wie schaffe ich das? Wie bekomme ich es hin, dass das Essen auch wirklich gesund ist, dass mein Hund alle Nährstoffe zu sich nimmt, die er braucht? Dann habe ich angefangen, mich mit diesem Thema intensiv auseinanderzusetzen. Das war der Grundstein für „Vegdog“. Nelson ging es mit dem Futter übrigens tatsächlich sehr schnell viel besser.

Tessa Zaune-Figlar

Die studierte Architektin ist CEO und Gründerin von „Vegdog“ – dem ersten pflanzlichen und glutenfreien Alleinfuttermittel für Hunde. Anfangs packte Tessa Zaune-Figlar die Kartons noch in ihrer Garage selbst, heute ist „Vegdog“ ein erfolgreiches Unternehmen mit einem Umsatz von zuletzt rund vier Millionen Euro. Ihre Liebe zu Tieren begleitet sie bereits ihr Leben lang: Vom verunglückten Vogel bis hin zum verletzten Schaf hat Zaune-Figlar alle mit nach Hause gebracht, um sie wieder aufzupäppeln. Dass sie mit „Vegdog“ einen so großen Impact für Tier und Umfeld schaffen kann, ist laut Zaune-Figlar ein großes Privileg und ihr täglicher Antrieb. Wie auch ihre Hunde ernähren sich inzwischen auch sie selbst, ihr Ehemann und ihre beiden Kinder frei von tierischen Lebensmitteln.

Sie sind eigentlich Architektin – wie viel Mut braucht es, um mit einem eigenen Unternehmen einen beruflichen Neustart zu wagen?

TZ-F: Ich habe den Nachweis gebraucht, dass das Produkt auch wirklich angenommen wird. Daher habe ich zunächst als Architektin weitergearbeitet und nebenbei über einen kleinen Onlineshop geschaut, wie groß der Bedarf für veganes Hundefutter ist. So konnte ich schnell ein Gefühl für den Markt entwickeln und habe gemerkt, dass das Produkt funktioniert. Und dann stand für mich fest: Ich gehe volles Risiko.

Frau Henssen, Sie sind 2017 zu „Vegdog" gestoßen. Was hat Sie überzeugt?

Valerie Henssen: Ich habe Tessa während meines Tiermedizin-Studiums auf einer privaten Feier kennengelernt und war von Anfang an von der Idee begeistert. Als wir im Laufe der Zeit gemerkt haben, dass die Nachfrage schneller anzieht als gedacht, bin auch ich zu 100 Prozent in das Unternehmen eingestiegen. 2018 waren wir dann gemeinsam bei „Die Höhle der Löwen". Das war der Kickstart.

Welche Herausforderungen bringt eine Gründung gerade in der Anfangsphase mit sich – und wie sind Sie damit umgegangen?

VH: In unserem speziellen Fall ging es nicht nur darum, bekannter zu werden, sondern das Produkt optimal zu erklären. Veganes Hundefutter ist für viele Menschen nicht das naheliegendste Produkt und wir hatten auch mit Vorurteilen zu kämpfen. Eine Herausforderung war es also, den Menschen zu vermitteln: Wir wollen nicht missionieren und wir gehen auch nicht davon aus, dass von heute auf morgen jeder Hund vegan ernährt wird. Vielmehr geht es uns darum, dass jeder Schritt zählt – im Sinne einer gesünderen Ernährung des eigenen Hundes, aber auch, wenn es darum geht, Gutes für unse-

Valerie Henssen

Sie ist CEO und Mitgründerin von „Vegdog". Valerie Henssen hat nach einem abgeschlossenen BWL-Studium zusätzlich in Berlin Tiermedizin bis zum Abschluss des 2. Staatsexamens studiert. Ihre Leidenschaft für Tiere entwickelte sie schon in früher Kindheit und diese lehrte Henssen seitdem Verantwortungsbewusstsein, Empathie und Toleranz. Kein Wunder also, dass sie ihr tägliches Handeln an folgender Philosophie ausrichtet: „Lebe mit viel Empathie, gebe denen eine Stimme, die keine haben, und nutze jeden Moment, um die Welt ein Stück besser werden zu lassen."

ren Planeten zu tun. Die Vorstellung von „Vegdog“ bei „Die Höhle der Löwen“ hat uns auf einen Schlag aus der Nischenbubble befreit und uns die Möglichkeit gegeben, vegane Ernährung für Hunde auf Basis wissenschaftlich fundierter Daten rund drei Millionen Fernsehzuschauern vorzustellen. Direkt im Anschluss an die Sendung war es sicherlich eine Herausforderung, sich an die Geschwindigkeit des Unternehmenswachstums anzupassen.

Frau Ensthaler, Sie investieren mit dem bereits erwähnten Green Generation Fund in FoodTech-, GreenTech-, und ClimateTech-Start-ups. Dazu gehört auch „Vegdog“. Was hat Sie beeindruckt?

JE: In erster Linie die beiden Unternehmerinnen selbst. Es ist ein sehr authentisches, ehrlich gewachsenes Produkt und ein mit Liebe geführtes Unternehmen. Das spürt der Kunde. Auch mein Hund bekommt übrigens „Vegdog“. Und unabhängig davon, dass Tessa und Valerie eine sehr gute Positionierung im Endkundenmarkt aufgebaut haben, ist aus Investorensicht einfach klar: Der Tierfuttermarkt wird sich in Zukunft noch viel stärker als bisher in Richtung veganer Lösungen weiterentwickeln – eben weil die Menschen umdenken.

An welchen Stellen brauchen Sie als Gründerinnen besondere Unterstützung? Und wie können Sie, Frau Ensthaler, konkrete Hilfestellung leisten?

TZ-F: Für mich ist Janna als dreifache Mutter eine Inspiration und ein Vorbild, wenn es darum geht, Business und Familie unter einen Hut zu bekommen. Als ich „Vegdog“ gegründet habe, war ich noch keine Mama, inzwischen habe ich zwei kleine Kinder. Da ist es hilfreich für mich, dass Janna mich darin bestärkt, eine Führungsrolle als Mutter und Frau einzunehmen.

VH: Und es ist natürlich wichtig, eine erfahrene Sparringspartnerin an unserer Seite zu haben, wenn wir uns zum Beispiel auf Finanzierungsrunden vorbereiten, uns über neue Inhaltsstoffe für unsere Produkte austauschen oder Innovationen aus anderen Ländern scannen. Auch unsere Wachstumsstrategie und die Frage, an welcher Stelle wir unser Team wie aufstocken sollten, besprechen wir mit Janna und ihrem Team. Sie ist nicht nur Investorin, sondern war auch Gründerin – sie kann somit beide Perspektiven einnehmen. Andere Investoren würden eher sagen: „Dieses Ziel müsst ihr erreichen, wie ihr das macht, müsst ihr schon selbst regeln.“ Das ist bei Janna anders, sie – und auch Manon Sarah Littek vom Green Generation Fund – unterstützen uns auf den einzelnen Etappen zum Ziel.

JE: Ich bin seit drei Jahren ausschließlich als Investorin tätig und denke viel über meine Rolle nach. Was macht einen guten Investor aus? Was brauchen die Gründerinnen und Gründer? Ich glaube, sie brauchen jemanden, der ihnen Mut zuspricht und sie dazu befähigt, ihr Unternehmen durch alle Unwägbarkeiten hindurchzuführen. Es ist wichtig, für die Gründer da zu sein, ihnen aber trotzdem klarzumachen, dass sie selbst am Steuerrad sitzen und ihr Boot fahren müssen. Das ist schließlich die große Freude am Gründen: das Gefühl, dass das Unternehmen meins ist und ich Entscheidungen treffen kann. Diese Freude dürfen Investoren nicht nehmen.

Welche Ratschläge haben Sie für junge Unternehmerinnen und Unternehmer, die auf der Suche nach Finanzierungsmöglichkeiten sind?

JE: Sie sollten zum einen überlegen, ob das Venture-Capital-Modell, bei dem es um starkes Wachstum geht, wirklich das Richtige ist. Es gibt Unternehmen, die keinen Cent externes Kapital hinzunehmen und das Wachstum ausschließlich aus sich selbst heraus stemmen. Wenn ich mich aber dafür entscheide, Investoren zu suchen, dann rate ich allen Gründerinnen und Gründern vor allem eines: nicht aufgeben! Es ist völlig normal, Gespräche mit 200 Investoren zu führen, bevor ein einziger anbeißt. Ich sage an dieser Stelle immer: „Nein ist der erste Anfang zum Ja."

Wie halten Sie sich über aktuelle Trends auf dem Laufenden, und wie beeinflussen diese Trends Ihr Produkt und Ihre unternehmerischen Entscheidungen?

TZ-F: Wir versuchen die Weltsituation zu verstehen und uns darin zu verorten. Viele Ereignisse kann man nicht vorhersehen, aber für die Dinge, die sich abzeichnen, müssen wir verschiedene Szenarien parat haben. Wir schauen auch viel, was in anderen Märkten passiert, etwa in den USA. Woran wird geforscht? An welchen Stellen wird Geld für Forschung ausgegeben? Gibt es neuartige, noch bessere Inhaltsstoffe, die sich für „Vegdog" eignen würden? Es geht darum, Innovationen frühzeitig zu erkennen und für unsere Produktentwicklung zu nutzen. Dafür verwende ich zum Beispiel Google Alerts sehr aktiv, um auch die kleinsten Veröffentlichungen mitzubekommen, die uns tangieren könnten.

VH: Und wir hinterfragen immer wieder aufs Neue, was sich unsere Kunden wünschen, welche Bedürfnisse sie haben – und welche Lösungen wir anbieten können. Gleichzeitig ist uns absolut bewusst, wo unsere Wurzeln liegen: Würde uns jemand dazu raten, in Zukunft nicht mehr vegan zu produzieren, dem würden wir eine klare Absage erteilen. Es ist wie bei einem Baum: Die Wurzeln sind stark und in der Erde verankert – das ist unsere Vision von veganen Lösungen im Tierfuttersegment –, die Äste dagegen sind biegsam – sie erlauben es uns, agil zu bleiben und auf Innovationen schnell zu reagieren.

Wie schätzen Sie die aktuelle Gründermentalität in Deutschland ein? Braucht es mehr Mut, mehr Day-One-Spirit?

JE: Es kann gar nicht genug Day-One-Spirit geben! Zunächst einmal: Ich bin ein totaler Fan der deutschen und auch europäischen Gründerkultur. Wenn wir etwas entwickeln, dann ist es meist sehr durchdacht und fundiert. Und wir verstehen es in Europa besser als zum Beispiel in den USA, mit wenig Geld viel zu machen. Was aber fehlt, ist der Mut zu gründen. Wir bräuchten zehnmal so viele Gründungen und zehnmal so viel Kapital. Und auch der Umgang mit Fehlern muss sich verändern: Es kann passieren, dass eine Firma pleitegeht. Dennoch heißt es dann, weiterzumachen und nicht aufzugeben.

TZ-F: Damit es mehr Gründungen gibt, müssen sich die Rahmenbedingungen verändern. Es ist leider so, dass Gründer in Deutschland aufgrund der vielen administrativen Prozesse und verkrusteten Bürokratie Nachteile haben. Und auch bei der finanziellen Unterstützung muss sich dringend etwas tun: Gründer sollten stärker

gefördert werden – denn es ist unglaublich schwierig, an das erste Investment heranzukommen. Ich musste mir die 25.000 Euro Startkapital für „Vegdog" privat über meine Familie besorgen.

„Vegdog" erwirtschaftete zuletzt rund vier Millionen Euro Umsatz, im November 2022 durften Sie Ihr Unternehmen sogar im Rahmen der UN-Klimakonferenz in Ägypten vorstellen. Werfen wir einen Blick in die Zukunft: Was haben Sie sich als nächstes vorgenommen?

VH: Wir sind die erste vegane Hundefutter-Marke, die von Fachtierärzten und -ärztinnen entwickelt wurde – diese Markenbekanntheit wollen wir in Zukunft nicht nur in Deutschland ausspielen. Unser Ziel ist es, europäischer Markenführer zu werden. Was uns motiviert, ist das tolle Feedback unserer Kunden: Ihre Hunde fressen unser Futter nicht nur gern, gerade für allergiegeplagte Hunde bringt es endlich die ersehnte Linderung.

TZ-F: Außerdem arbeiten wir daran, unsere Produktpalette über den Hund hinaus zu erweitern. Alles rund um die Ernährung von Katzen zum Beispiel ist für uns ein sehr großer, sehr interessanter Markt. Hier würden wir wahrscheinlich nicht direkt mit einem Alleinfutter starten, da der Stoffwechsel einer Katze anders funktioniert als beim Hund.

Darüber hinaus bringen wir aktuell ein Tierschutzfutter auf den Markt, das durch eine etwas andere inhaltliche Zusammensetzung günstiger ist. Bislang ist unser Futter, das für den Endkunden bestimmt ist, für Tierschutzvereine zu hochpreisig. Um aber gerade für die geretteten, oft kranken und abgemagerten Hunde aus dem Tierschutz gesundes Futter zu ermöglichen, planen wir Kooperationen mit großen Tierschutzvereinen.

Und wo sehen Sie, Frau Ensthaler, „Vegdog" in einigen Jahren?

JE: Wir arbeiten auch deshalb so gut zusammen, weil wir die gleichen Visionen teilen. Auch ich glaube, dass es wichtig ist, dem Markenkern treu zu bleiben und dennoch Neues zu entwickeln. Darüber hinaus gilt es, möglichst viele Kontaktmöglichkeiten zu potenziellen Neukunden zu schaffen und die sehr treuen Bestandskunden weiterhin zu überzeugen. So schaffen wir die europäische Markenführerschaft!

IMMER WIEDER – PERFEKT

Routine und Day-One-Spirit? Auf den ersten Blick zwei Begriffe, die nicht miteinander vereinbar sind. Drei Menschen, drei Branchen, drei unterschiedliche Blickwinkel auf die Bedeutung von Routine im Arbeitsalltag zeigen jedoch: Sie hilft, Perfektion zu erlangen. Sie gibt Sicherheit, um etwa Prozesse, die mit viel Day-One-Spirit etabliert wurden, jeden Tag aufs Neue fehlerfrei umzusetzen. Und Routine ist die notwendige Basis, um wiederum Freiräume für Neues zu schaffen.

Alexander Klaws ist Musicaldarsteller, Sänger und Schauspieler. 2003 wurde er schlagartig bekannt, als er die erste Staffel von „Deutschland sucht den Superstar" gewann. Nach seinen ersten Chart-Erfolgen schloss er in Hamburg ein Gesangs- und Schauspielstudium ab. Seitdem war er in vielen Musicals zu sehen – etwa als Titelfigur im gleichnamigen Disney-Musical „Tarzan", als Tony Manero in „Saturday Night Fever" oder im Musical „Jekyll & Hyde" am Staatstheater Darmstadt.

ALEXANDER KLAWS ↘

„Als Schauspieler und Sänger ist es mein Ziel, jede einzelne Bühnenshow fürs Publikum einzigartig zu gestalten. Dafür versuche ich, mich ständig neu zu erfinden und die eigene Komfortzone zu verlassen. Damit ich meine Leistung auf den Punkt abrufen kann, bereite ich mich physisch und mental auf jede meiner Rollen akribisch vor. Ich nehme nur Jobangebote an, hinter denen ich hundertprozentig stehen kann und für die ich brenne. Nur so ist es möglich, die Leidenschaft, die Motivation über Wochen und Monate während eines Engagements aufrechtzuerhalten. Und wenn mal etwas nicht so gelingt, wie ich mir das wünsche? Dann stempele ich das als Erfahrung ab und lerne daraus, um es beim nächsten Mal anders zu machen. Dafür sind die Proben essenziell – in diesem Zeitraum muss, soll und darf man Fehler machen, um zu einem Ergebnis zu kommen. In künstlerischen Schaffungsprozessen empfinde ich Routine übrigens als Hemmnis: Sie hält dich davon ab, im Moment zu agieren. Ich baue auf mein Talent und meine Fähigkeiten, um Routine zu vermeiden und Perfektion zumindest ansatzweise in meinen Augen zu erreichen."

Dr. Stefanie Schmickler ist geschäftsführende Augenärztin des Augen-Zentrum-Nordwest in Ahaus. Sie ist Spezialistin im Bereich Grauer-Star-Chirurgie und Refraktive Chirurgie und behandelt somit Fehlsichtigkeiten nach den neuesten wissenschaftlichen und technischen Standards. Darüber hinaus ist sie unter anderem Trainerin der Kommission für Refraktive Chirurgie des Berufsverbands der Augenärzte.

STEFANIE SCHMICKLER ↘

„Ich arbeite seit fast 30 Jahren als Augenärztin und Chirurgin. Da Medizin keine Mathematik ist und Menschen nicht programmierbar sind, ist jeder Patient und jedes Auge anders. Da gibt mir die Routine in meinem Fach die Sicherheit und das Selbstvertrauen, um stets mein Bestes zu geben. Für mich ist es eine Frage des Willens, die Kraft für das Beste immer wieder aufzubringen, wozu ich tagtäglich ‚ja' sage.

Im Alltag bekomme und erhalte ich mir die Energie, indem ich im Flow arbeite und entweder operiere oder mich ganz der Sprechstunde widme. Um Organisatorisches kümmere ich mich separat. Trotz meiner Liebe zur Digitalisierung schreibe ich mir Wichtiges in ein kleines Büchlein, das mich immer begleitet.

Als Ärztin habe ich das große Glück, viel Dankbarkeit von Patientinnen und Patienten zu erfahren. Ihr Dank und Lob sind wie eine Sprungfeder – sie geben Energie zurück und motivieren mich, weiterzumachen. Motivation gibt mir auch der Austausch mit Kollegen, zum Beispiel auf Kongressen und in Verbänden. Aber auch die Weitergabe meiner eigenen Erfahrung an junge Kolleginnen und Kollegen macht zufrieden und spornt mich an."

TILLMANN BLASCHKE ↘

„Die künstlerische Handschrift der Porzellanmanufaktur Meissen basiert neben Präzision und höchster Qualität in der Umsetzung vor allem auf dem Bestreben, mit dem jeweiligen Zeitgeist mitzugehen – oder ihm sogar voraus zu sein. So finden sich aus den jüngeren Jahren in den Bereichen ‚Home Deco' und ‚Tisch und Tafel' eine Vielzahl neuer, aber aus der DNA abgeleitete Formen, Farben und Dekore wieder. Im Bereich der Kunstexponate, wie Wandbilder oder Skulpturen, greifen wir vor allem auch relevante Themen der heutigen Zeit auf – zum Beispiel Klimawandel, bedrohte Tierarten oder Krieg. Innovative Wege gehen und trotzdem das reiche Erbe der Manufaktur bewahren? Das funktioniert!

Die Tradition zu pflegen bedeutet nicht, die Asche anzubeten, sondern das Feuer weiterzureichen. Das ist eine Frage der Grundhaltung, die aber immer da ist und gepflegt wird. Und wenn man sich intensiv mit dem Zeitgeist beschäftigt, dann gelingt das ganz von allein.

Verlässt man den Bereich der unikativen Exponate, kann es auch so etwas wie Routine geben. Genau diese Routine mag für Perfektion sicher hilfreich sein, denn Übung macht bekanntlich den Meister. Insofern ist Routine – wie sie in einer mehrjährigen Ausbildung zum Beispiel zum Porzellanmaler bereits angeeignet wird – eine wichtige Basis der kontinuierlichen kunsthandwerklichen Herstellung. Routine wird dann zur Gefahr, wenn die Freude an der Arbeit und die Kreativität verloren geht. Daher ist es uns ganz wichtig, immer wieder Abwechslung zu gewährleisten und Raum für Kreativität zu schaffen."

Dr. Tillmann Blaschke ist seit 2015 Geschäftsführer der Staatlichen Porzellanmanufaktur Meissen. Bereits 1710 gegründet, ist sie die älteste ihrer Art in ganz Europa. Seit 300 Jahren fertigt die Porzellanmanufaktur Meissen in nur einer Produktionsstätte feinstes Porzellan in aufwendiger Handarbeit. Jedes Stück Porzellan nimmt seinen Anfang im manufaktureigenen Formenarchiv: dem größten und weltweit ältesten Bestand an Modellformen.

„Wir haben Hunger auf Neues“

Lange galt Sachsen-Anhalt als Schlusslicht, wenn es um Beschäftigung, Wachstum und Wirtschaft ging. Doch inzwischen hat sich das Bild gewandelt: Das Bruttoinlandsprodukt steigt stetig, die Arbeitslosigkeit sinkt und seit März 2022 ist es offiziell: US-Chiphersteller Intel baut seine neue Giga-Fabrik in Magdeburg – die größte Firmenansiedlung in Deutschland in den vergangenen Jahrzehnten. Ministerpräsident Reiner Haseloff spricht über die Bedeutung von Beharrlichkeit und darüber, warum Visionen so wichtig sind, um langfristig erfolgreich zu sein.

Herr Haseloff, Sie haben Physik studiert und zunächst in diesem Bereich gearbeitet. Was hat Sie dazu bewogen, in die Politik einzusteigen?

Ich habe aus innerer Überzeugung als Physiker gearbeitet. Die Wissenschaft war zudem ein ideologiefreier Bereich, in dem man Distanz zum System der damaligen DDR wahren konnte. Als diese dann tatsächlich ihrem Ende entgegenging, war klar, dass es freie Wahlen brauchen würde. Es gab dann die Volkskammerwahl und später die Kommunalwahlen. Meine Frau, mein Bruder und ich wurden in den Stadtrat, ich darüber hinaus in den Kreistag gewählt und später war ich stellvertretender Landrat. Mein Weg war damit für mich klar, doch bis heute profitiere ich von dem, was ich während meiner Zeit als Physiker an Systematik und Fachwissen erlernt und angewandt habe. Und alles was mit der Energiewende und den Herausforderungen der Klimapolitik zu tun hat, ist zum größten Teil von einer naturwissenschaftlichen Perspektive geprägt. Meine erste Lebenshälfte war somit eine gute Basis für die jetzige.

Die langersehnte Wiedervereinigung war da, Sie waren in einer Position, um Veränderungen zu bewirken. Was war Ihre Vision?

Mit der Wiedervereinigung war vieles in Erfüllung gegangen, wovon ich geträumt hatte: freie Wahlen, mehr Vielfalt bei kulturellen Angeboten, die Reisefreiheit. Auf der anderen Seite war die Volkswirtschaft zusammengebrochen, die Umweltsituation in unserem von der Chemieindustrie geprägten Bundesland katastrophal. Insofern war meine Vision klar, damals wie heute, jeden Tag aufs Neue: meine Heimat, mein Bundesland nach vorne zu bringen und zukunftsfähig zu machen.

Früher wie heute begrüßen Sie den Wandel Sachsen-Anhalts und setzen sich für eine Stärkung der Innovationskraft ein. Wie gelingt es Ihnen, Innovation und die fest verankerte Tradition zu vereinen?

Die Region hat eine 150 Jahre alte industrielle Tradition. Im Raum Magdeburg geprägt durch den Maschinenbau, im Süden durch die Kohle und die Chemieindustrie. Hier entstand eine der größten Chemieregionen Europas. Bei der Transformation eines Landes kann man nicht beliebig agieren, man muss auf dem aufbauen, was man hat – Ressourcen und Fachkräfte sind begrenzende Faktoren. Doch konnten es nicht der Maschinenbau und die Chemieindustrie aus der Zeit der DDR sein, sondern wir mussten die Wirtschaft so modernisieren, dass sie den Herausforderungen durch Klimawandel und Umweltschutz gewachsen ist. Es ging von Beginn

Dr. Reiner Haseloff

1989 kam Dr. Reiner Haseloff als Quereinsteiger in die Landespolitik Sachsen-Anhalts. 1990 bis 1992 war er stellvertretender Landrat des Landkreises Wittenberg, von 2004 bis 2012 stellvertretender Landesvorsitzender der CDU. Seit Dezember 2008 ist er Mitglied im CDU-Bundesvorstand. Nach weiteren Stationen wurde er am 19. April 2011 zum Ministerpräsidenten von Sachsen-Anhalt gewählt und ist nun der bundesweit am längsten amtierende Ministerpräsident. Seinem Bundesland fühlt er sich seit jeher verbunden, gerne betont er die 600 Jahre zurückreichende Wittenbergische Familiengeschichte. Haseloff vereint Tradition und Moderne wie kein Zweiter – in der Politik und am Handgelenk: Links trägt er die klassische Uhr aus einer Uhrenmanufaktur in Sachsen-Anhalt oder ein Lieblingsstück des Bauhäuslers Max Bill; rechts die Apple Watch, mit der er Nachrichten empfängt und seinen Enkeln per Facetime bei den Hausaufgaben hilft.

an darum, einen Standort zu schaffen, der ebenso umweltpolitisch wie unternehmerisch konkurrenzfähig ist – über die Landesgrenzen hinaus. Wir mussten die Chancen, die die Wiedervereinigung bot, unbedingt nutzen!

Der geplante Bau der Chip-Fabrik von Intel in Magdeburg ist eine der größten Firmenansiedlungen in Deutschland in den vergangenen Jahrzehnten. Was hat Intel vom Standort überzeugt?

Wir haben den Boden bereitet, lange bevor Intel kam! Und wenn ich mir eines ans Revers heften kann, dann ist es das Beharren auf meiner „Langläufer"-Vision. Ich war seit der Wende davon überzeugt, dass wir hier Großes vollbringen könnten – wenn wir die nötigen Mittel bekämen. Eine Transformation ist nicht umsonst zu haben. Wir haben moderne Forschungsinstitute aufgebaut, wir konnten uns in der Solar-Materialforschung einen Namen machen. Zudem haben wir das europaweit größte Forschungszentrum für nachhaltige Chemie aufgebaut.

Es gab viele Punkte, die Intel überzeugten. Wesentlich waren auch die Lage und die verfügbare Fläche. Wir haben Platz und sind gut angebunden – ans Autobahnnetz, an den Flughafen Halle-Leipzig und an universitäre Einrichtungen. Letztere sind relevant, wenn es um Forschungscluster rund um die Chip-Produktion geht. Zudem konnten wir bereits 1995 Enercon für unsere Region begeistern, den größten deutschen Hersteller von Windenergieanlagen. Auch das hat Intel ganz zu Beginn bei uns abgefragt: Könnt ihr ausreichend grüne Energie zur Verfügung stellen? Das konnten wir. Unsere Fokussierung und unsere Schwerpunktsetzung sind keine Eintagsfliege, sondern ziehen Folgeinvestitionen nach sich. Wir in Sachsen-Anhalt haben Hunger auf Neues.

Sachsen-Anhalt ist Ihre Heimat, Sie sind dort geboren und aufgewachsen – seit 2011 sind Sie Ministerpräsident des Landes. Wie wichtig ist für Sie Beständigkeit?

Für mich ist Wittenberg, die Stadt, in der meine Familie väterlicherseits schon seit über 600 Jahren ihre Wurzeln hat, von besonderer Bedeutung. Natürlich bin ich beruflich nach der Wiedervereinigung sehr viel gereist, aber zu DDR-Zeiten war mein Heimatort mit den kirchlichen Aktivitäten, der Familie und dem Freundeskreis auch ein Schutzwall und Überlebenselixier, wenn es darum ging, den Ideologien solidarisch als Gemeinschaft entgegenzutreten. Das hat mich geprägt und deswegen bin ich auch mit 70 Jahren mit wehenden Fahnen für meine Heimat Sachsen-Anhalt unterwegs – nun schon seit zwölf Jahren als Ministerpräsident.

Sie bezeichnen „modernes Denken" als Markenzeichen Sachsen-Anhalts. Wo sehen Sie „Ihr" Bundesland in 15 Jahren?

In 15 Jahren haben wir die größte an einem Standort fokussierte Chip-Produktion Europas hier im Bundesland. Diese wird das Bild und das Image der Region prägen, spätestens in der folgenden Generation. Schon heute hat sich das Image von Sachsen-Anhalt gewandelt, wir werden als interessanter und innovativer Standort im Herzen Europas wahrgenommen. Diesen Weg werden wir fortsetzen. Unsere Vision ist eine europäische! Wir sind auf dem Weg zum Hightech-Bundesland und werden perspektivisch gleichziehen können mit Bundesländern im Westen Deutschlands. All das wird gelingen, wenn wir unsere Vision im Blick behalten – Tag für Tag, Jahr für Jahr.

„Nur wer bereit ist sich zu wandeln, kann wachsen“

„Menschen verbinden, Leben verbessern" – diesen Leitspruch teilt DHL Consulting mit dem Logistikriesen DHL. Die Unternehmensberatung unterstützt ihre Kunden mit besonderer Expertise im Logistikbereich – allen voran die Unternehmensbereiche der DHL Group. Digitalisierung, Daten und eine konsequente Umsetzung stehen dabei im Fokus. Im Interview erklärt CEO Sabine Mueller, wie DHL Consulting Innovationen entwickelt, testet und beim Kunden implementiert.

Frau Mueller, DHL Consulting ist innerhalb von DHL der Vorreiter für modernes Arbeiten und innovative Konzepte. Ist auch Ihr Führungsstil wegweisend für andere Bereiche?

Wenn ich auf meinen eigenen Weg als Führungskraft zurückblicke, wird mir klar, wie weit wir gekommen sind. Als ich anfing, war das Management top-down und autokratisch. Die Führungskräfte trafen endgültige Entscheidungen auf der Grundlage der Vorarbeit ihrer Mitarbeitenden, ihrer Ansichten und Erfahrungen. Dann gaben sie diese Entscheidungen weiter, damit sie umgesetzt werden konnten. Ich erinnere mich noch an die „Anweisungen", die ich für die Mitarbeitenden vor Ort schrieb. Es gab kaum Vielfalt, und dem körperlichen und emotionalen Wohlbefinden der Mitarbeitenden oder der Vereinbarkeit von Beruf und Privatleben wurde wenig Bedeutung geschenkt. Inzwischen habe ich gelernt, dass Führung anders funktionieren muss: Vertrauen schenken, freies Denken fördern und Fehler zulassen. Wir als Führungskräfte müssen uns schnell anpassen, und zwar immer wieder. Was heute von uns erwartet wird, unterscheidet sich von dem, was vor fünf Jahren erwartet wurde und was in fünf Jahren erwartet werden wird. Dies einmal zu verstehen, war immens wichtig für mich.

DHL Consulting befasst sich eingehend mit der Frage, wie die Zukunft der Arbeit aussehen kann – in Ihrem Bereich, aber auch und vor allem bei Ihren Kunden, den Unternehmensbereichen von DHL. Womit setzen Sie sich, abgesehen vom Thema Führungskultur, auseinander?

Zunächst stellen wir uns die Frage nach dem „Wie" des Zusammenarbeitens. Wie sehen die Büros der Zukunft aus? Was wird in den kommenden Jahren essenziell sein, um eine positive Arbeitskultur zu schaffen?

Wir haben schon vor der Pandemie erkannt, dass Arbeiten effizienter, produktiver und kreativer möglich sein muss als fünf Tage die Woche in projektbezogenen Büro-„Silos", in denen immer dieselben Mitarbeitenden zusammensitzen. Zum einen haben wir ein klares Konzept für Homeoffice-Regelungen ebenso wie für physische Meetings aufgestellt. Letztere, zu denen Kick-off-Meetings und Team-Events gehören, sind und bleiben unsere „moments that matter", also die Augenblicke, die wir in Person im Office leben.

Zum anderen haben wir unsere Räumlichkeiten komplett neu gestaltet. Heute gibt es verschiedene Bereiche für unterschiedliche Arbeitsweisen, beispielsweise einen Bereich für Fokusarbeit, in dem nicht gesprochen wird, eine „smile area", in der man sich auch mal zum Plausch trifft, und klassische Shared-Desk-Bereiche. Als wir das Konzept eingeführt haben, war die Veränderung für mich und meine Führungskräfte am größten, denn wir haben unsere Büros verlassen. Das war nicht einfach und hat alles andere als Zuspruch für das Konzept gebracht. Aber: Wenn du etwas Neues ausprobieren möchtest, musst du als Führungskraft immer mit gutem Beispiel vorangehen und auch mal ein Risiko eingehen! Mut und Vertrauen sind zwei Eigenschaften, die uns als Team auszeichnen. Beides ist unbedingt notwendig, um Innovationen voranzutreiben. Nur wer bereit ist sich zu wandeln, kann wachsen.

Jetzt arbeiten wir hybrid, im Office und von zu Hause, niemand hat mehr ein eigenes Büro und wir lieben es. Diese Erfahrungen innerhalb von DHL Consulting helfen uns enorm, wenn wir mit unseren Kunden die Zukunft des Arbeitens besprechen.

Sie sprachen von der Arbeitskultur, die „die Zukunft der Arbeit" ausmacht. Gibt es auch hier Best Practices, die DHL Consulting testet und bei den Kunden implementiert?

Zahlreiche Facetten machen eine positive Arbeitskultur aus. Eine, die für den Erfolg von Teams, Abteilungen und Unternehmen essenziell ist: die Vielfalt. Nur mit diversen Teams ist es möglich, Innovationen voranzutreiben.

Wir haben vier Bereiche der Vielfalt definiert, die uns als Team besonders wichtig sind und bei denen wir den Erfolg messen: Geschlecht, Nationalität, Inklusion und Bildungshintergrund. Wir haben für jeden einzelnen Bereich Kennzahlen und Ziele definiert und Maßnahmen, um diese zu erreichen. Innerhalb von DHL feiern wir die „Diversity Week" und den „Culture Day" – bei DHL Consulting haben wir Teams, deren Aufgabe es ist, sich genau um diese Themen der Vielfaltsförderung zu kümmern. Sie schauen, was andere Unternehmen tun, analysieren Studien und bringen Best Practices mit, die wir testen und dann unseren Kunden anbieten können. Und natürlich sind auch Themen wie Digitalisierung und Automatisierung entscheidende Themen, wenn es um die Zukunft der Arbeit geht.

Inwiefern spielen diese eine Rolle für DHL Consulting?

In vielen unserer Projekte geht es um die Automatisierung der Produktion innerhalb der DHL Group, beispielsweise durch die Einführung von Sortiermaschinen oder Robotern, oder aber durch die Automatisierung von Backoffice-Prozessen. Es ist unsere Aufgabe als DHL Consulting, hier jeden Tag aufs Neue zu hinterfragen: Welche Kompetenzen und welche Jobs sind in Zukunft gefragt? Immer mehr Menschen arbeiten mit Robotern oder Künstlicher Intelligenz zusammen und müssen lernen, damit umzugehen. Teile ihrer Jobs fallen weg und neue Aspekte kommen hinzu. Das bedeutet ein hohes Maß an Weiterbildung, aber auch die Notwendigkeit, Mitarbeitende mit neuen Fähigkeiten einzustellen.

Neben der Automatisierung der Produktionsprozesse ist für uns auch entscheidend, unsere eigenen Prozesse zu hinterfragen und zu automatisieren. Wir haben unsere internen Daten in einem „Data Lake" zusammengeführt und nutzen sie nun optimal. Auch wird generative Künstliche Intelligenz, wie beispielsweise

Chat GPT, immer mehr zum Teil unseres Geschäftsmodells. Dies alles hilft uns, effizienter zu werden und unseren Kunden immer die beste Lösung für ihr Anliegen zu bieten.

Wir als DHL Consulting sind ein Talent Pool, der Executives für die Gruppe entwickelt: Neugier, Technik- und Datenaffinität und der Mut zur Veränderung sind Fähigkeiten, die wir unseren Mitarbeitenden mit auf den Weg geben.

Ein großer Konzern wie DHL Group hat viel Power, aber ist per se nicht so flexibel und schnell wie ein Start-up. Kann DHL Consulting seine Innovationskraft dennoch im Konzern entfalten?

DHL Group ist ein großes, globales Logistikunternehmen. Jede Veränderung, die wir anstoßen, kann weltweit skaliert werden, das finde ich beeindruckend! Die Umsetzung dauert länger als bei einem Start-up, hat aber auch eine ungleich höhere Signifikanz, und darauf kommt es doch an. Wir setzen auf Kontinuität, nicht auf den Big Bang! Das Kerngeschäft von DHL Group ist es, täglich Millionen von Gütern schnell und zuverlässig zu den Empfängern zu bringen. Dieses Geschäft müssen wir nicht immer wieder neu erfinden, aber wir müssen uns Tag für Tag fragen, wo wir helfen können, damit die Unternehmensbereiche in ihrem Kerngeschäft noch besser werden. Denn gerade weil DHL so groß ist, müssen wir als DHL Consulting unbedingt immer vor dem Strom schwimmen und Konzepte entwickeln, die den Unternehmensbereichen helfen, dasselbe zu tun – der Konkurrenz immer einen Schritt voraus sein.

Wie halten Sie die Innovationsbereitschaft unter den Mitarbeitenden hoch?

Als wir die Strategie 2025 für DHL Consulting ausgearbeitet haben, haben wir uns auf vier Fokusthemen festgelegt: Nachhaltigkeit, Data Analytics, die Zukunft der Arbeit und die Zukunft des operativen Geschäfts. Jedes dieser Themen findet sich in je einer Fokusgruppe wieder, die jeweils von einer Partnerin oder einem Partner geleitet wird. Alle Mitarbeitenden bei DHL Consulting können in einer dieser vier Fokusgruppen mitarbeiten. Auf diese Weise ermutigen wir sie, sich in ihrem Bereich Wissen anzueignen und Vordenker zu sein. Dieses Vorgehen hilft enorm dabei, den Day-One-Spirit hochzuhalten und als Bereich Innovationen in allen diesen vier Themen voranzutreiben, um sie als Impulse in den gesamten Konzern zu tragen. Natürlich besteht immer die Gefahr, sich auszuruhen. Denn Veränderung hat die Eigenschaft, Menschen hadern zu lassen: „Was wäre der Impact, wenn es nicht klappt? Was könnte alles passieren? Vielleicht setzen wir doch lieber auf Altbewährtes.“ Aber gerade in der aktuellen Zeit, die so sehr geprägt ist von politischer Unsicherheit, von drastischem Klimawandel, können wir – vor allem in unserer Branche – keinen Tag stillstehen. Du musst dich stets hinterfragen, um erfolgreich zu bleiben – jeder Tag ist Day One!

Sabine Mueller

Als CEO von DHL Consulting, einer unabhängigen strategischen Supply-Chain- und Managementberatung innerhalb der DHL Group, arbeitet Sabine Mueller mit einem globalen Team von über 140 Beraterinnen und Beratern zusammen. Das Ziel: Die DHL Group und andere globale Logistikunternehmen voranbringen und sicherstellen, dass sie an vorderster Front der Branchentrends bleiben. Seit Februar 2023 leitet sie zudem eine neue Geschäftseinheit, die sich den Dienstleistungen im Bereich Data und Analytics widmet. Durch ihre Social-Media-Präsenz, insbesondere auf LinkedIn, bietet Sabine Mueller Einblicke in all die Themen, die ihr besonders wichtig sind: Supply-Chain-Trends, Digitalisierung und Künstliche Intelligenz, Diversität und Führung, Frauenförderung und die Verbesserung der Geschlechterparität am Arbeitsplatz. Sie sagt: „Wir, die Führungskräfte, sind ein Vorbild für den Wandel. Wir befähigen und inspirieren unsere Teams, sich in diesem kontinuierlichen Wandel agil zu bewegen.“ In ihre vollen Tage startet Sabine Mueller meist mit einer Runde an der frischen Luft, und zwar mit ihren beiden Berner Sennenhunden.

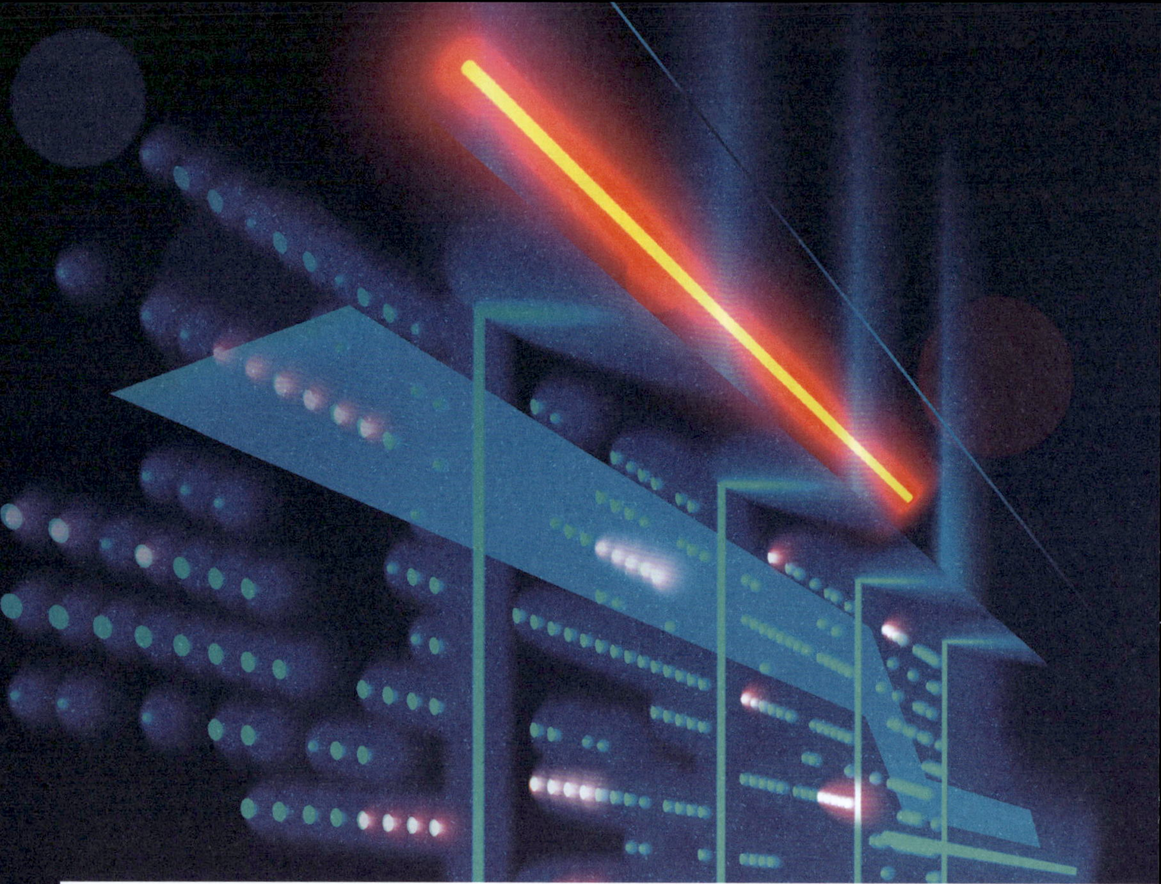

„Man muss am Puls der Zeit bleiben“

Unternehmen müssen sich immer wieder neu erfinden, um erfolgreich zu bleiben. Der stetige Wandel erfordert laut Ali Dalloul, Vice President bei Microsofts Plattform Azure AI, eine klare Vision – und starke Führungspersönlichkeiten, die diese in konkrete Handlungen übersetzen.

Ein Unternehmen, das erfolgreich ist, kennt scheinbar nur einen Weg – nach oben. Die Umsätze steigen, die Kundenzufriedenheit ist hoch und die selbst gesteckten Ziele werden locker erreicht. Doch gerade in solchen positiven Phasen kann ein fataler Fehler passieren: nämlich sich auf seinem Erfolg auszuruhen – und zu vergessen, was einen überhaupt nach oben gebracht hat. Das war sicher nicht das Verharren im Status quo, sondern der Blick nach vorn. Unternehmen, die es schaffen, sich die Aufbruchstimmung des Gründungstages zu bewahren, haben das Potenzial, langfristig erfolgreich zu sein.

Dazu gehöre es auch, sich regelmäßig neu zu erfinden, betont Ali Dalloul, Vice President bei Azure AI, Microsofts KI-Dienst in der Azure Cloud. Azure Cloud ist Microsofts globale Cloud-Infrastruktur als Dienst, der skalierbar und sicher ist und alle Aspekte der IT-Anforderungen eines Unternehmens abdeckt. Es ist ein Beispiel dafür, wie Microsoft sich von einem Software-Unternehmen zu einem Cloud-Unternehmen gewandelt und sich damit neu erfunden hat. Microsoft erweitert das Serviceangebot und die Leistungsfähigkeit seiner Cloud-Computing-Umgebung kontinuierlich. Neben der Azure-Cloud-Umgebung als sogenannte „Infrastructure as a Service" (IaaS) ist Azure AI eine „Platform as a Service" (PaaS). Diese wiederum basiert auf Azure und unterstützt alle Microsoft-Anwendungen sowie die Anwendungen von Kunden und Partnern. „Ziel ist es, Anwendern eine flexible Cloud-Infrastruktur und KI-Plattformen zur Verfügung zu stellen, die sich den individuellen Anforderungen schnell anpassen lassen und den Betrieb einer eigenen IT-Infrastruktur überflüssig machen", erläutert Dalloul.

Vertrauen, Wertschätzung und Fairness als Basis für Erfolg

Sich rechtzeitig darüber Gedanken zu machen, wie die Zukunft aussehen könnte – das ist es, was Microsoft mit seinem Dienst Azure geschafft hat. Als das Thema Cloud-Computing noch in den Kinderschuhen steckte, setzte Microsoft bereits darauf – und lag goldrichtig. Dabei spielen laut Dalloul die Unternehmens- und Führungskultur eine entscheidende Rolle. Für ihn sind Vertrauen, Wertschätzung und Fairness wichtige Voraussetzungen für Erfolg – und müssten von der Unternehmensführung vorgelebt werden, um „Ergebnisse zu liefern, Klarheit für Mitarbeiter und Stakeholder zu schaffen und Marktdynamik und Energie zu erzeugen".

Offenheit und Begeisterungsfähigkeit seien wiederum wichtige Eigenschaften der Führungskräfte selbst. So gehe die Neuausrichtung von Microsoft als Cloud-Unternehmen auf den heutigen CEO Satya Nadella zurück: „Mit seiner Überzeugung ist es Satya gelungen, die Organisation auf diesen Weg zu führen, ein Bild der Zukunft zu zeichnen und die Mitarbeitenden zu mobilisieren, um die Ergebnisse zu liefern, die Microsoft transformiert haben", so Dalloul. „Er hat erkannt, dass Cloud-Technologie für die Lösung von Geschäftsproblemen im modernen Zeitalter der digitalen IT-Transformation von entscheidender Bedeutung ist." Heute ist das Softwareunternehmen einer der weltweit führenden Cloud-Anbieter und ebnet mit Azure-AI-Diensten wie Azure OpenAI und Azure AI Infra, Machine Learning und Services den Weg in die neue KI-Ära. „Ein wichtiger Bestandteil des Day-One-Spirits ist es, an sich selbst und seine Ideen zu glauben und dann auch den Mut zu haben, neue Wege zu gehen", sagt Dalloul.

Von der Vision zur Realität

„Eine Organisation braucht eine klare Vision", ist Dalloul überzeugt. „Jede gute Führungskraft – egal ob es sich um den CEO oder einen Teamleiter handelt – muss wissen, wohin sie ihre Organisation steuern will." Der nächste Schritt sei es dann, die Vision zu operationalisieren – sie also in eine Strategie zu übersetzen. Die Strategie müsse dann wiederum in konkrete Handlungen münden – einen „Plan of Action". So war es auch im Fall von Azure: Am Anfang stand die Vision einer Cloud-Umgebung für Unternehmen – und diese wurde in eine Strategie übersetzt, die kontinuierlich angepasst wurde, bis hin zur Integration von immer mehr Services, um einen größeren Mehrwert für die Kunden zu schaffen.

Und was, wenn man es geschafft hat, seine Vision tatsächlich Realität werden zu lassen? Hat man dann als Unternehmen seine Daseinsberechtigung verloren? Für den Microsoft-Experten Dalloul ist klar, dass diese Gefahr durchaus besteht – hier sieht er die Verantwortung bei den Führungskräften: „Es gilt dann, eine neue Vision zu entwickeln, was bedeutet, dass man einen Wandel zulassen muss."

Microsoft ist es in seiner fast 50-jährigen Unternehmensgeschichte gelungen, diesen Wandel immer wieder zu vollziehen: Während das Unternehmen in seinen Anfangsjahren die Vision verfolgte, dass es „in jedem Haushalt, auf jedem Schreibtisch und in jedem Zuhause einen PC geben" sollte und diese Mission erfüllt wurde, musste sich Microsoft dann neu erfinden. Heute ist es das Ziel, „jeden Menschen und jede Organisation auf dem Planeten zu befähigen, mehr zu erreichen", wobei es im Wesentlichen um Produktivität und Kreativität geht – und um die Demokratisierung des Zugangs zu Technologien auf globaler Ebene. „Das ist der Kern dessen, was Microsoft heute ausmacht", betont Dalloul. Diese Vision sei insbesondere im Zeitalter der Künstlichen Intelligenz aktueller denn je, denn mehr Produktivität sei die logische Konsequenz des Einsatzes von KI zur Skalierung der menschlichen Intelligenz – so wie mechanische Werkzeuge die menschliche körperliche Arbeit skalieren.

Technologie im Dienst des Menschen

Innovativ zu sein und zu bleiben ist dabei für ein Technologieunternehmen quasi das Lebenselixier: „Die Innovationsmöglichkeiten sind einer der Gründe, warum die Arbeit in dieser Branche so viel Spaß macht", sagt Dalloul. Dabei gehe es jedoch nicht darum, Technologien nur um der Technologie willen zu entwickeln – sondern sich konsequent an den Bedürfnissen der Kunden zu orientieren. „Der Wert einer neuen Technologie lässt sich daran festmachen, wie sehr sie dazu beiträgt, menschliche Probleme zu lösen", so der Microsoft-Experte. Ein Beispiel hierfür seien etwa Videokonferenzen, wie Microsoft sie über den Dienst „Teams" anbietet, die im Arbeitsalltag vieler zu einem unverzichtbaren Instrument geworden sind.

Bei allen Evolutionsschritten, die ein Unternehmen im Laufe seiner Geschichte vollziehe, sei es aber nicht möglich, immer alle Mitarbeiterinnen und Mitarbeiter mitzunehmen. „Wer in der Vergangenheit gefangen ist, ist nicht dazu geeignet, den weiteren Weg mitzugehen“, bringt es Dalloul auf den Punkt. „Man darf nicht den Fehler machen, es allen recht machen zu wollen.“ Einen Wandel zu vollziehen, sei für jede Organisation eine große Herausforderung. „Es ist menschlich, alles so weitermachen zu wollen, wie es ist. Aber für ein Unternehmen ist Stillstand fatal: Man muss am Puls der Zeit bleiben.“ Wichtig sei es aber, dass der Wandel nicht nur durch Unzufriedenheit mit der aktuellen Situation motiviert sei – sondern durch die Vision einer besseren Zukunft. Durch die transformative Vision von Satya Nadella zunächst in Bezug auf Cloud Computing und jetzt mit Blick auf das KI-Zeitalter bleibt Microsoft weiterhin am Puls der Zeit.

„Der Wert einer neuen Technologie lässt sich daran festmachen, wie sehr sie dazu beiträgt, menschliche Probleme zu lösen.“

Ali Dalloul

Als Vice President für die Microsoft-Plattform Azure AI verantwortet Ali Dalloul unter anderem die Dienste Azure OpenAI, Cognitive Services und Azure Search sowie die Kundenentwicklung, Produktplanung und weltweite Geschäftsstrategie. Er ist Vorstandsmitglied des Open Voice Network und vertritt Microsoft bei der Linux Foundation. Zudem ist er Mitglied des International Technology Advisory Panel (ITAP) der Monetary Authority of Singapore (MAS). Dalloul blickt auf mehr als 28 Jahre Erfahrung in der Technologiebranche zurück und hatte bei Microsoft bereits diverse Führungspositionen inne. In seiner jetzigen Position hat er das KI-Geschäft von Microsoft auf Hunderte Millionen Dollar skaliert. Als Miterfinder hält er Patente im Bereich Computer Vision. Ali Dalloul hat in Europa und im Nahen Osten gelebt, derzeit wohnt er mit seiner Familie im US-Bundesstaat Washington. Er ist sehr naturverbunden, liest gerne und liebt es, zu reisen und neue Kulturen kennenzulernen.

„Es ist der Kampf um jeden Ball“

Vor zwanzig Jahren rieben sich seine Zuhörer noch verwundert die Augen, wenn er bei Unternehmensevents auftrat, um aus der Welt des Fußballs zu erzählen. Heute wissen alle: Ein Profiverein ist ein Wirtschaftsunternehmen. Reiner Calmund schreibt über das, was Erfolg für ihn ausmacht: Kompetenz und Leidenschaft ist in jedem Unternehmen die Basis für den wirtschaftlichen Erfolg.

Wenn 100 Millionen Euro Ablösesumme keine Seltenheit sind und Fußballvereine in Deutschland Jahresumsätze von mehr als 800 Millionen und in England noch darüber hinaus machen, muss man nicht mehr lange überlegen: Fußballvereine sind Wirtschaftsunternehmen. Auch wenn die Summen heute sehr viel gewaltiger sind als zu der Zeit, als meine ersten Kontakte zum Profifußball stattfanden, war das eigentlich schon immer so. Was jedenfalls seit jeher gilt: Wie im Unternehmen muss auch im Fußball der wirtschaftliche Erfolg stimmen.

Kompetenz ist die Basis für Erfolg

Der Fußballsport an sich ist einfach. Egal wie gut der Trainer oder der Spielerkader ist, egal wie professionell die Infrastruktur am Stadion oder am Trainingsgelände ist, die Formel ist simpel: Der Sieger kassiert drei Punkte, der Verlierer null und bei einem Unentschieden erhält jeder Verein einen Punkt. Und am Ende der Saison wird abgerechnet. Dieser „Umsatz" lässt sich in der Bundesliga weder durch andere Produkte noch durch neue Verkaufsgebiete erhöhen. Das ist schon ein großer Unterschied gegenüber international tätigen Konzernen.

Dennoch oder gerade deswegen muss man sich als Club jeden Tag aufs Neue überlegen, wie man es schaffen kann, oben mitzuspielen. Was ist es, was am Ende über den sportlichen Erfolg oder Misserfolg entscheidet?

Ein grundlegender Pfeiler des Erfolgs ist sicher die Kompetenz, das wird niemand bestreiten. Nur Spieler mit exzellenten sportlichen Fähigkeiten können oben mitspielen. Es geht darum, Spieler zu finden, die die entsprechende Basis mitbringen, die technisch versiert sind, die Potenzial zeigen. Hier ist die Parallele zum Unternehmen klar: Auch hier braucht es Mitarbeitende, die die nötige fachliche Kompetenz mitbringen. Als Führungskraft muss ich dann dafür sorgen, dass sie sich stets weiterbilden – im Fußball wie im Unternehmen. Nur wer täglich auf den Trainingsplatz geht und an sich arbeitet, kann sich verbessern.

Radikal anders

Es gibt viele Vereine, die man mit Fug und Recht als „Traditionsverein" bezeichnen kann. Traditionen bieten Sicherheit und können ein guter Kompass sein. Aber wir wissen auch: Mit Tradition kannst du kein

Licht anknipsen – nicht im Stadion, nicht im Unternehmen. Man muss sich sowohl als Verein als auch im Unternehmen immer wieder hinterfragen und an der einen oder anderen Stelle vielleicht neu erfinden. Dazu gehört auch, gewisse Risiken einzugehen. Eine Entscheidung kannst du immer korrigieren, keine Entscheidung nicht.

Für mich war damals schnell klar, dass wir mit der Technologie der Zeit gehen müssen. Bayer Leverkusen war einer der ersten Clubs im deutschen Fußball, der sein Scouting-System digitalisierte. Der Grund dafür war ein Problem, das ich abschaffen wollte: Ich konnte die Zettelwirtschaft nicht mehr sehen. Zu jedem Spieler bekam ich Berge von Papier. Ich wollte bei Entscheidungen einen möglichst klaren Überblick und eine optimale Vergleichbarkeit haben. Deshalb haben wir bei Bayer 04 ein digitales System entwickelt – und waren damit Vorreiter der Liga. Agieren, nicht reagieren, war meine Devise. Natürlich steckt in jeder Änderung ein gewisses Risiko. Aber wenn du kompetente Leute hast und ein Ziel, das du erreichen kannst: Probier's aus!

Dieses Innovationsdenken im technologischen Sinne ist ein entscheidender Faktor. Doch manchmal braucht es keine Technologie, sondern einfach ein radikal anderes Denken: Wir bei Bayer Leverkusen waren es damals, die unmittelbar nach dem Mauerfall die ersten Spieler aus dem damaligen Osten in die Bundesliga holten. Der Wechsel des damaligen DDR-Spielers des Jahres Andreas Thom vom BFC Dynamo zu Bayer Leverkusen war der allererste Ost-West-Transfer. Gleichzeitig unterschrieben die beiden weiteren Topspieler Ulf Kirsten und Matthias Sammer – den Sammer-Transfer verhinderte der damalige Bundeskanzler Helmut Kohl noch im Nachgang, mit der Begründung, Bayer 04 solle nicht „den ganzen Osten leerkaufen".

Wir – die damals graue Maus aus Leverkusen – waren es, die die ersten Brasilianer in die Bundesliga holten – der erste war „Tita" Milton Queiroz da Paixão. Es folgten Jorginho, Paulo Sergio, Emerson, Zé Roberto, Lucio, Juan und viele weitere. Die anderen Klubs in Europa hatten ein deutlich höheres Budget, aber der Weg aus São Paolo oder Rio in den europäischen Fußball führte über Leverkusen.

Wie gelang uns das? Wir haben unsere Spieler persönlich betreut und ihnen und ihren Familien den Einstieg erleichtert. Wir haben die Ehefrauen der Spieler beim Einkaufen in den Supermarkt begleitet, uns um die bestmögliche Betreuung der Kinder gekümmert. Wir haben die Unterlagen der Behörden in ihrer Sprache aufbereitet. Wir haben unsere Kontakte in der Region genutzt. Du musst die Extrameile gehen. Jeden Tag. Wir haben es einfach schnell und anders gemacht als die anderen und das hat funktioniert.

Leidenschaft und die Bereitschaft, alles zu geben

Kompetenz, fachliches Know-how und die Maßnahmen, dahin zu kommen, sind die Basis für den Erfolg, doch das eigentliche Salz in der Suppe sind der Spaß an der Sache und die Leidenschaft: „Aus einem verzagten Arsch kommt kein fröhlicher Furz", sagte seinerzeit schon Martin Luther. Es braucht Biss, Power, Leidenschaft und den Glauben an sich, von Tag zu Tag aufs Neue besser zu werden.

Reiner Calmund

Schon als Kind brannte der 1948 in Brühl bei Köln geborene Reiner Calmund für den Fußball: „Es gab für mich nur zwei Spiele: ‚Räuber und Gendarm' und Fußball." Bis zu einer Verletzung im Alter von 18 Jahren spielte er bei den Amateuren der SpVg Frechen 20 und war später an mehreren Stationen als Jugend- und Auswahltrainer aktiv. Bekannt wurde er durch seine Funktionärsrollen beim Bundesligisten Bayer 04 Leverkusen. 1976 startete er als Stadionsprecher und Jugendleiter, später dann war „Calli" über Jahrzehnte DAS Gesicht des Vereins und trug durch geschickte Transfers und jede Menge Leidenschaft dazu bei, dass sich die „Werkself" im oberen Teil der Bundesligatabelle etablierte. Mittlerweile ist Reiner Calmund als Fußballexperte, Keynote-Sprecher und Buchautor aktiv. Ihm macht es Spaß, sich immer wieder mit neuen Themen zu befassen – Zielstrebigkeit zeichnet ihn heute wie gestern aus. Früher war er für einen nicht zimperlichen Führungsstil bekannt, doch immer war es ihm wichtig, jedem Mitarbeitenden die gleiche Wertschätzung entgegenzubringen: „Ob Spieler, Trainer, Zeugwart, Fanshop- oder Büro-Angestellte – ich habe jede Arbeit wertgeschätzt."

Wenn die Leidenschaft nicht da ist, hat das direkte Auswirkungen auf die Leistung. Und wenn es einen Spieler gibt, der diesen Spirit nicht mitbringt, zieht das alle anderen runter. Diesen Day-One-Spirit kann man nur aufrechterhalten, wenn es keinen faulen Apfel im Korb gibt – sonst faulen alle. Natürlich ist es auch Aufgabe des Trainers, also der Führungskraft, diese Einstellung zu bewahren und herauszukitzeln. Aber auch wenn man junge Spieler mit großem Potenzial verpflichtet, stellte ich mir stets die Frage: Wer ist motiviert? Wer gibt Gas? Wer geht über die Schmerzgrenze hinaus? Wer ist bereit, jeden Tag, in jedem Zweikampf wirklich alles zu geben? Und hier ist dann wiederum der Trainer gefragt. Er muss die Motivation seiner Leute so hoch halten, dass sie ab der ersten Minute eines jeden Spiels 100 Prozent Leistung bringen. Und nicht erst gegen Ende des Spiels, wenn sie durch einen Konter das 0:1 gefangen und nur noch wenige Minuten Zeit haben. Es geht darum, immer um jeden einzelnen Ball zu kämpfen. Übertragen auf die Wirtschaft: Jeder Unternehmer hat jeden Tag den Markt zu bedienen. Es ist der Kampf um jeden Kunden – nicht einmalig, sondern ständig und immer.

Kompetenz und Leidenschaft bilden somit die perfekte Formel für große Erfolge. Wer sich reinkniet und täglich immer besser werden will, der wird erfolgreich sein. Bis heute habe ich das Bild von Bastian Schweinsteiger vor Augen, wie er nach dem WM-Titel 2014 erschöpft und blutverschmiert Jogi Löw um den Hals fällt. Der Kerl ist ein Musterbeispiel für Kompetenz und Leidenschaft.

„Ich habe alles für den Verein getan, immer und überall"

Ich persönlich war derart fixiert, meinen Verein zum Erfolg zu führen, dass quasi ein ganzes Jahrzehnt an mir vorbeigezogen ist. Ich kannte damals weder neue Kinofilme noch aufstrebende Schauspieler noch irgendwelche Bands, die die Herzen eroberten. Diese Welt hat für mich nicht mehr stattgefunden. Ich kann mich nur an wenige Mitarbeitende erinnern, die sich damals mit Bayer Leverkusen genauso identifizierten, wie ich es tat. Ich habe alles für den Verein gemacht, tags wie nachts – wohlwissend, dass meine Familie nicht viel von mir hatte. Aber ich war immer motiviert wie am ersten Tag. Meine Schnelligkeit und Ungeduld mögen für viele um mich herum anstrengend gewesen sein. Aber wir waren erfolgreich.

Ich hatte mal eine Riesendiskussion, weil ich gesagt hatte: „Bayer 04 – der Verein ist mir." Ich musste beim Konzern antanzen, denn man hatte mich missverstanden. Sagen wollte ich nur: Ich lebe so, als wäre der Verein meiner. Und diese Einstellung ist für mich unabdingbar, wenn es darum geht, erfolgreich zu werden, zu sein und zu bleiben.

Mit Konzentration und Leidenschaft: Bayer Leverkusens Spieler Ulf Kirsten und Reiner Calmund, 1994

Zu guter Letzt: Meine Abnehm-Geschichte, die auf den ersten Blick wenig mit Motivation und Day One zu tun haben mag. Als ich die 180 Kilogramm auf die Waage brachte, guckten die Ärzte immer wieder erstaunt, wie gut meine körperlichen Werte dennoch waren – niemand hatte mir knallhart die rote Karte gezeigt. Und so fuhr ich fort, die wichtigsten Geschäfte immer bei gutem Essen zu machen – und weiter gerne und viel zu essen. Aber es kam ein Punkt, an dem ich mich selbst nicht mehr wohlfühlte. Und das war dann auch der Tag, an dem ich mich entschieden habe, abzunehmen. Mein Ziel war gesteckt. Und dann konnte es mir nicht schnell genug gehen. Meine Motivation war das Erfolgserlebnis, die Pfunde purzeln zu sehen. Jeden Tag aufs Neue. Daher passt auch diese Geschichte gut zu meiner Maxime: Setze dir ein Ziel und kämpfe dafür.

„Jeden Morgen erwacht in Afrika eine Gazelle. Sie weiß, dass sie schneller laufen muss als der schnellste Löwe, wenn sie am Leben bleiben will. Jeden Morgen wacht ein Löwe auf. Er weiß, dass er schneller laufen muss als die langsamste Gazelle, wenn er nicht verhungern will. Egal ob man ein Löwe ist oder eine Gazelle: Sobald die Sonne aufgeht, muss man rennen!“

Afrikanisches Sprichwort

Der Neugierde Raum geben

JONAS SPENGLER

Die Idee zu komoot entstand bei einem der sechs Gründerfreunde, als er Ende der Neunzigerjahre im Alter von 16 Jahren zu einer Alpenüberquerung auf dem Mountainbike aufbrach. Er brauchte viele Karten, die Routenplanung war kompliziert. „Wir sagten uns: Bald haben alle Leute GPS im Handy und es wird unendlich viele Daten geben, lasst uns die Routenplanung einfacher machen“, blickt CTO und Mitgründer Jonas Spengler zurück. Mit mehr als 35 Millionen registrierten Usern ist komoot heute Europas größte Outdoor-Plattform und belegt im weltweiten Wettbewerbsumfeld den zweiten Platz bei den aktiven Nutzern.

„Unsere Mission ist es, möglichst vielen Menschen individuelle Outdoor-Abenteuer zu ermöglichen – unabhängig davon, ob die Person mit Kompass und Karte umgehen kann", fasst Jonas Spengler das Ziel seines Unternehmens zusammen.

Wer die Plattform schon einmal zur Routenführung beim Wandern, Radfahren oder Joggen genutzt hat, wird mit großer Wahrscheinlichkeit bestätigen, dass komoot diesem Ziel schon recht nahe gekommen ist. Die App liefert nicht nur den Weg – auf dem Screen ebenso wie per Sprachnavigation –, sondern auch Fotos zu Highlights, Beschreibungen zu Wegbeschaffenheit und Nutzungsbedingungen sowie Anfahrt und vielem mehr. Komoot ist weltweit nutzbar und inzwischen in elf Sprachen verfügbar.

Die Expertise der Kunden im Fokus

Im Mittelpunkt von komoot steht die Community. Die einzelnen User teilen ihre Abenteuer und erhalten Pionier- und Expertenabzeichen für neue Entdeckungen, die sie mit anderen Usern teilen. Das dahinterliegende Geschäftsmodell ist eingängig: komoot kann grundsätzlich kostenfrei genutzt werden. Möchte ein Nutzer die Navigation und Offlinekarten verwenden, zahlt er einmalig für Kartenpakete. Wer noch weiter gehen möchte, entscheidet sich für das Abomodell „komoot Premium" und schaltet damit Zusatzfunktionen wie beispielsweise Live-Tracking oder den Mehrtages-Routenplaner frei. Ergänzend zu den Angeboten für Endkunden können Geschäftskunden ein Werbeformat im sogenannten „Inspirationsfeed" von komoot

Jonas Spengler

2010 gründete der gebürtige Allgäuer zusammen mit fünf Freunden komoot, seitdem ist er Chief Technical Officer des Unternehmens. Spengler selber ist passionierter Radler, Wanderer und Kitesurfer. komoot-Erlebnisse, an die er sich gerne zurückerinnert, gibt es viele: „Sehr schön war es zum Beispiel im Soča-Tal in Slowenien. Wir sind mit zwei Familien und fünf Kindern gewandert. Neben der unglaublichen Schönheit des Nationalparks war da auch alles dabei, was man für eine quengelfreie Wanderung mit Kindern braucht: Geschichten, Wasserfälle, Picknick und Eisbaden in Gumpen." Sein Unternehmen ist Vorreiter in Sachen New Work, in seinen Augen hat das Konzept viele Vorteile: „New-Work-Unternehmen haben eine Antwort auf die Frage, warum es sie gibt und welchen Mehrwert sie gesellschaftlich schaffen wollen", sagt er. „So haben die Mitarbeitenden einen gemeinsamen Purpose, sich jeden Morgen für ihre Arbeit zu motivieren."

> „Wir müssen herausfinden, was wirklich zählt und welche Zusammenhänge bestehen.“

buchen. Hunderte Partner aus Tourismus, Outdoor- und Transportorganisationen oder Naturschutz sind bereits bei komoot aktiv.

Eigentlich ist komoot damit doch am Ziel seiner Träume angelangt? „Wir sehen ein Potenzial von über 500 Millionen Nutzern – da haben wir also noch ein wenig Wegstrecke vor uns“, sagt Spengler. Besonders im Ausland gebe es noch enorme Möglichkeiten, derzeit investiere man beispielsweise intensiv in den US-amerikanischen Markt.

Wenn es darum geht, das Tool weiter zu optimieren und auszubauen, sind die Rückmeldungen der Nutzer das Herzstück. „Wir stehen in regelmäßigem Austausch mit den Usern, um ihr Feedback zu neuen Features und auch zum UX-Design, ihrer Nutzererfahrung, einzuholen und umzusetzen. Auch über unseren Support oder live auf Events erreichen uns viele Rückmeldungen, die an unsere Produktteams weitergegeben werden.“ Vielfach gewünscht wurde beispielsweise ein besserer Routenplaner für Gravel-Routen abseits großer Straßen über naturnahe Wald- und Feldwege. Dieser wurde nach Monaten der Entwicklung schließlich ausgerollt und steht nun allen Nutzern zur Verfügung. Außerdem werde man künftig die Möglichkeiten, nach Routen in einer bestimmten Region zu suchen, noch weiter verbessern – das biete Vorteile für die Community und für die Markenpartner, deren Routen dann einfacher gefunden werden.

Transparenz ist nötig, Kritik erlaubt

komoot schärft seine Ziele jährlich nach. „Die User-Daten liefern dafür eine immense Basis“, sagt Spengler. Doch sei es ebendiese grenzenlose Menge an Daten, die eine sorgfältige Selektion erforderlich mache. „Wir müssen herausfinden, was wirklich zählt und welche Zusammenhänge bestehen. Was sind die entscheidenden Erfahrungen, die Kunden zu regelmäßigen Nutzern machen?“

komoot setzt dabei auf crossfunktionale Teams, deren Mitglieder sich gut kennen und über längere Zeiträume eng miteinander arbeiten. „Offene Kommunikation und Vertrauen zueinander ermöglichen den Wechsel zwischen ‚Spinnen und Spielen‘ und radikaler Kritik sowie transparenter Evaluierung.“

Die Teams übersetzen die übergeordnete Jahresstrategie auf ihre jeweiligen Bereiche. Diese voraussichtliche Entwicklung wird dann pro Quartal definiert. Für das kontinuierliche Tracken wird die sogenannte OKR-Methode genutzt – Objectives and Key Results. „Objectives“ sind dabei qualitative Statements, denen quantitativ messbare „Key Results“ untergeordnet sind und die aufzeigen, inwieweit

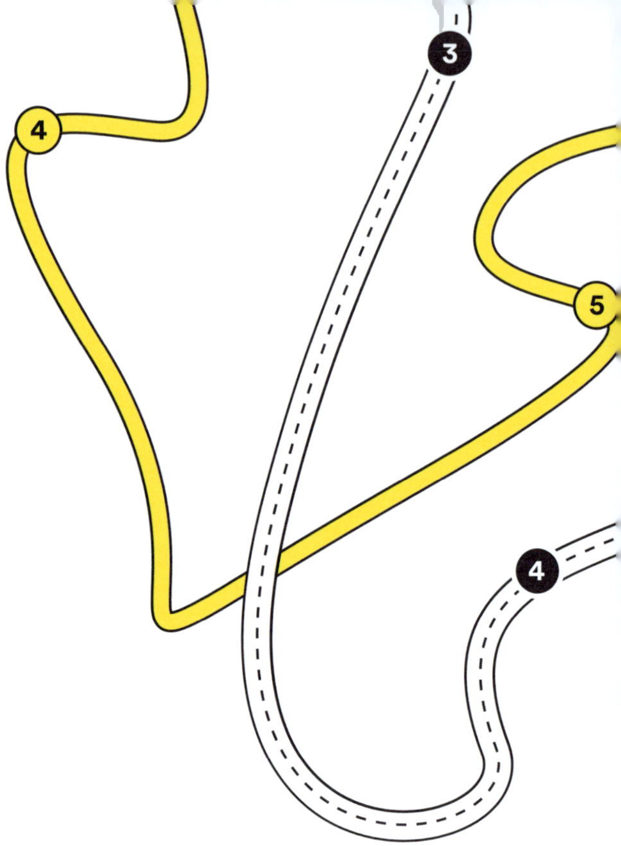

man seinem Ziel näher gekommen ist. So kann jeder Bereich seinen Impact auf die Unternehmensstrategie messen.

Zu New Work gehört mehr als Desksharing

Inzwischen arbeiten bei komoot mehr als 130 Kolleginnen und Kollegen, in ganz Europa verteilt. Wenn über flexible Arbeitsmodelle deutscher Unternehmen gesprochen wird, ist komoot ein oft und gerne zitiertes Beispiel.

„Wir wollen mit den besten Leuten auf der ganzen Welt zusammenarbeiten", sagt Spengler. „Anfangs haben wir noch internationale Talente nach Berlin gebracht, doch inzwischen bringen wir die Firma zu den Talenten, nicht umgekehrt." So wird der Talentpool enorm vergrößert und lässt den Mitarbeitenden die Freiheit, den für sie optimalen Arbeitsplatz selbst zu wählen. komoot unterstützt die Mitarbeitenden bei der Finanzierung dieses Arbeitsraumes – etwa durch die Ausstattung des Homeoffice-Platzes oder durch die Übernahme der Kosten eines Co-Working-Platzes.

Persönlich sehen sich alle Teammitglieder bei den „Gatherings", die alle vier Monate stattfinden. Hier werden dann auch neue Ideen präsentiert, Teambuilding und Brainstorming betrieben.

Neugierde ist neben Verantwortung, Kommunikation, Impact und Exzellenz einer der fünf Teamwerte bei komoot. „Wir lieben es, Dinge zu lernen: über unseren Markt, die Bedürfnisse unserer Nutzer, die Unternehmensstrategie, die manchmal komplexen Probleme, an denen sich Kolleginnen und Kollegen gerade die Zähne ausbeißen, über neue Produkte, Anwendungen, Technologien, Tools. Dieser Teamwert wird in jedem halbjährlich stattfindenden Mitarbeitenden-Gespräch evaluiert und ist dadurch immer präsent", erklärt Spengler.

Ein Muss für jedes neue Teammitglied sind die Outdoor-Leidenschaft und die Liebe zur Natur. „Wir suchen Menschen, die sich mit unseren Markenwerten identifizieren können, nur so können wir die Bedürfnisse unserer User verstehen. Dabei sind wir draußen unterschiedlich aktiv. So gibt es einige super ambitionierte Ausdauerathletinnen, aber auch ‚normale' Freizeitradlerinnen oder Teammitglieder, die sich intensiv mit der Flora und Fauna beschäftigen. Kein Prozess kann Begeisterung schlagen, wenn es um den Day-One-Spirit geht."

16:40
Mosenhof
Filter
Burgruine Lichtenstein
Ellenbach
Hochberg
Kruppach
Mosenhof
Schupf
244 Wanderungen
Wanderung
Mittelschwer
Ausblick zum "Hohler Fels" – Panoramaweg Happurger Stausee Runde von Happurg
2:33
8,58 km
240 m
Gute Grundkondition erforderlich. Überwiegend gut begehbar

Professor Wolfgang Wahlster ist ein Pionier der Künstlichen Intelligenz in Deutschland und hat den Begriff „Industrie 4.0“ maßgeblich geprägt. Er war einer der Entwickler des „Hamburger Redepartnermodells“, des ersten deutschsprachigen Dialogsystems auf Basis Künstlicher Intelligenz – mehr als 40 Jahre vor ChatGPT. Die Stimmen der KI-Skeptiker waren zunächst laut, doch Wahlsters Wille war stärker. Was es braucht, um Innovationen dauerhaft voranzutreiben, beschreibt der Informatiker anhand seiner eigenen Erfahrungen, die er zu drei Erfolgsrezepten verarbeitet hat.

Innovationswellen lostreten und Trendsetter bleiben

Mein Doktorvater Professor Wilfried Brauer prägte das Bonmot „KI steht für Künftige Informatik", das ich später um eine englischsprachige Variante „AI is Avantgarde Informatics" ergänzte. Damit war ein großes Ziel formuliert und um dieses zu erreichen, muss man in der Spitzenforschung stets vor der nächsten Innovationswelle surfen. Noch wichtiger ist aber, dass man in der Lage ist, selbst neue Innovationswellen loszutreten – nie Trends hinterherzujagen, sondern Trendsetter zu bleiben. Eine konsequente Day-One-Mentalität ist dafür die Grundvoraussetzung und diese wiederum erfordert eine ausgeprägte Hartnäckigkeit, gepaart mit einem Arbeitsethos, das dem Motto meines ersten Chefs entspricht: „Morgens Bahn brechen und nachmittags Durchbrüche feiern."

Ich empfinde es als einzigartiges Privileg, dass ich sowohl Konrad Zuse als Vater des ersten funktionsfähigen Digitalrechners weltweit als auch John McCarthy als Vater der Künstlichen Intelligenz in mehreren persönlichen Fachgesprächen kennenlernen durfte. In keiner anderen modernen Wissenschaft wäre es ab der zweiten Hälfte des 20. Jahrhunderts innerhalb eines einzelnen Forscherlebens möglich gewesen, das Entstehen einer völlig neuen wissenschaftlichen Disziplin zu erleben und bis zu ihrer heutigen Blüte aktiv mitzugestalten.

Sprachverhalten ist eine definierende Eigenschaft unserer Spezies. Der uralte Menschheitstraum, mit den Dingen sprechen zu können, hat mich schon als Gymnasiast fasziniert. Ich war der erste Student der Informatik, der Linguistik als Nebenfach wählte, um mich fundiert für die Erfüllung dieses Traums einbringen zu können. Die menschliche Sprachfähigkeit steht in einer vielfältigen Wechselbeziehung zu anderen kognitiven Fähigkeiten wie Bildverstehen, Lernen, Planen und Schlussfolgern. Damit arbeitet die sprachorientierte KI-Forschung an einem der ehrgeizigsten Ziele unseres Zeitalters.

Der schwierige Start der KI in Deutschland

Der Aufbau der KI-Forschung in Deutschland war sehr herausfordernd. Zunächst gab es natürlich keine etablierten Lehrstühle auf dem Gebiet, sodass es zur Begutachtung von Forschungsanträgen bei der Deutschen Forschungsgemeinschaft (DFG) auch keine prädestinierten Gutachter gab – für Pioniere ein typisches „Henne-Ei-Problem". Als ich 1977 mit Hamburger Kollegen meinen Erstantrag auf ein KI-Forschungsprojekt für die Realisierung des ersten deutschen Sprachdialogsystem bei der DFG einreichte, vergingen viele Monate, bis wir dann ab 1978 endlich das „Hamburger Redepartnermodell" (HAM-RPM) entwickeln konnten. Das auf „semantischen Netzwerken" beruhende Modell konnte schon damals einen Dialog über ein festgelegtes Thema wie die Einrichtung eines Wohnzimmers führen. Das war immerhin 44 Jahre vor Chat-GPT. Natürlich übertreffen die Leistungen von aktuellen Systemen der ChatGPT-Generation die von HAM-RPM um viele Größenordnungen hinsichtlich der Quantität und Qualität.

Die erste Förderung verdanken wir Professor Günter Hotz, dem weitsichtigen, immer für Neues offenen und vielseitigen Saarbrücker Vater der Informatik, der stets ein offenes Ohr für junge Talente hatte. Er setzte sich als Gutachter für unser damals noch extrem futuristisches Vorhaben ein und gab uns als Mentor sehr gute Ratschläge.

Das war nicht selbstverständlich, denn in Deutschland war die KI damals noch ein Nischenthema, das von den meisten Informatikern skeptisch beäugt wurde. Doch diese Skepsis hat uns nicht abgehalten, sondern zusätzlich motiviert: Wir wollten die Kritiker eines Besseren belehren und zeigen, dass wir es schaffen würden, einen Mensch-Maschine-Dialog in deutscher Sprache zu führen. Wir wollten zeigen, dass die Kollegen, die uns für Spinner oder gar Scharlatane hielten, völlig falsch lagen. Noch als ich 1982 immerhin den bereits sechsten deutschen Workshop zur KI leitete, gab es ältere Professoren in der Informatik, die ihren Doktoranden verboten hatten, an der Tagung teilzunehmen, weil Forschung zur Künstlichen Intelligenz unseriös sei und Informatiker die Finger davonlassen sollten.

Mitte der 80er-Jahre verstummten aber viele dieser Kritiker, da mit der KI in der ersten Welle wissensbasierter Systeme beachtliche wissenschaftliche und wirtschaftliche Erfolge erzielt werden konnten.

Rückblickend waren es drei grundlegende „Rezepte", auf denen diese Erfolge basieren und die weitere Erfolgsgeschichten im Bereich der Künstlichen Intelligenz möglich machten. Gemeinsam ist ihnen, dass es als „Grundzutat" eines fortwährenden Day-One-Spirits bedarf, um sie umzusetzen.

Rezept 1: Konsequente Förderung junger Talente durch etablierte Mentoren

Als 1982 in Saarbrücken die erste Informatik-Professur für „Künstliche Intelligenz und Datenbanksysteme" zu besetzen war, wurde ich mit lediglich 29 Jahren auf meinen ersten Lehrstuhl berufen. Ich erfuhr viel Unterstützung von den anderen „jungen Wil-

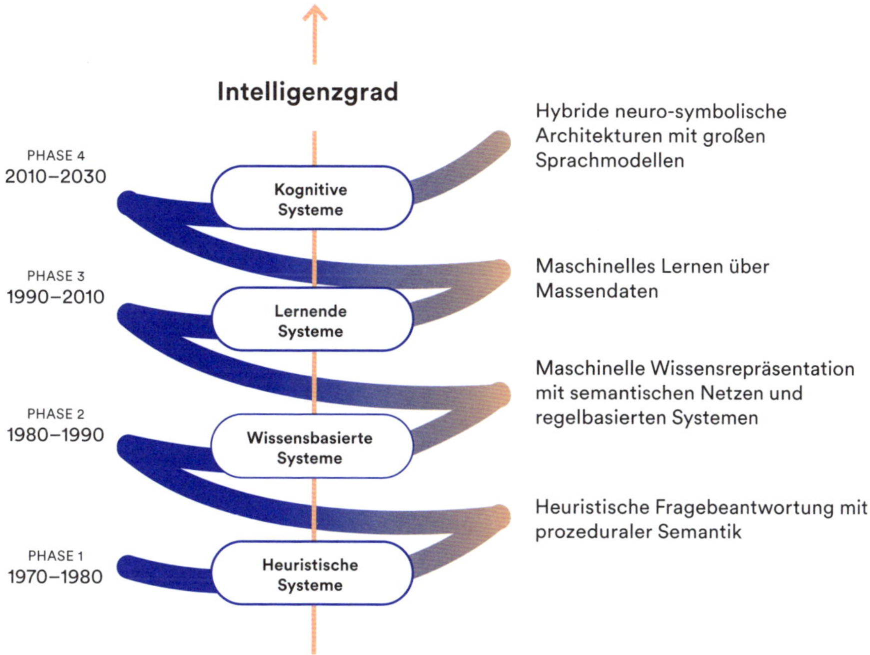

Die vier Phasen der Künstlichen Intelligenz

den" der Saarbrücker Informatik wie Kurt Mehlhorn, Reinhard Wilhelm und Wolfgang Paul. Sie alle waren bei ihrer Erstberufung erst um die 30 Jahre alt. Wir waren ehrgeizige „Vollblutinformatiker" und vertrauten bei strategischen Entscheidungen unserem „Seniorchef" Günter Hotz, der uns durch seine konstruktiv-kritischen Diskussionsbeiträge zu wissenschaftlichen Höchstleistungen ansporte.

Die konsequente Förderung junger Talente in einer Umgebung mit aufstrebenden Forschenden, die „hungrig" auf wissenschaftliche Durchbrüche sind, sich gleichzeitig aber auf ein Coaching durch einen etablierten Mentor und Promotor einlassen, ist ein erstes Erfolgsrezept, das gut funktioniert.

Rezept 2: Standortwahl in begeisterungsfähigen mittelgroßen Städten

Ebenso wichtig ist die Wertschätzung aus dem lokalen Umfeld als Garant für den nachhaltigen Erfolg von Innovatoren – das habe ich in den vergangenen 45 Jahren immer wieder gemerkt. Hier zeigte sich, dass eine mittelgroße Stadt in einem „armen" Bundesland, die mit Struktur- und Finanzproblemen zu kämpfen hat, diese aber sehr flexibel und entscheidungsfreudig angeht, viel hungriger auf Erfolg durch Innovation ist als Großstädte und „reiche" Bundesländer. Daher war 1988 die Entscheidung für Saarbrücken und Kaiserslautern als erste Standorte des Deutschen Forschungszentrums für Künstliche Intelligenz (DFKI) goldrichtig. Wir haben uns an amerikanischen

KI-Spitzenstandorten wie Stanford, Berkeley und Pittsburgh orientiert, die auch zunächst als Kleinstädte oder Zonen mit wirtschaftlichen Schwierigkeiten begannen, dann aber durch exzellente Forschungsinstitutionen Weltgeltung erlangten. Im Saarland wird das DFKI seit seiner Gründung von allen Regierungen, von der Universitätsspitze und den lokalen Medien, aber auch von der Zivilgesellschaft, für deren Bürger wir ja eine gute Zukunft durch unsere Innovationen schaffen wollen, mit großer Begeisterung unterstützt und geschätzt. Das spornt an, weil man täglich spürt, wie groß die Erwartungen und die Hoffnungen aller sind, dass das DFKI dabei unterstützt, den Standort durch Digitalisierung nachhaltig zu transformieren. Daher habe ich in meiner Zeit als CEO dieses zweite Rezept auch bei der notwendigen Expansion des DFKI beherzigt und mich für Bremen, Oldenburg und Osnabrück als weitere DFKI-Standorte eingesetzt. Unter dem langjährigen Aufsichtsratsvorsitzenden Prof. Hans Albert Aukes und aktuell Dr. Ferri Abolhassan (beide von der Telekom) hat das DFKI immer darauf geachtet, Expansionsentscheidungen für eine Region auch an der Kundennachfrage im neuen Umfeld auszurichten.

Rezept 3: Dauerhafte intrinsische Motivation durch nachhaltige Wertschätzung

Das dritte und wichtigste Erfolgsrezept ist die dauerhafte intrinsische Motivation der beteiligten Forschenden für eine packende Vision – diese muss Tag für Tag so hoch sein wie zu Beginn! Diese Vision und deren schrittweise Realisierung und ihr Transfer in die Anwendung kann später als Lebenswerk zur weltweiten und nachhaltigen Wertschätzung durch herausragende Preise, die Aufnahme in Nationalakademien und Halls of Fame der Wissenschaften führen. Denn im Gegensatz zu Innovatoren in der Wirtschaft, bei denen die extrinsische Motivation durch materielle Anreize oftmals dominiert, spielt diese im akademischen Umfeld kaum eine Rolle, weil die Freiheit bei der Erforschung selbst definierter wissenschaftlich-technischer Ziele dort das höchste Gut ist.

Im Metaverse für Industrie 4.0 kommunizieren am DFKI Werker mit virtuellen Charakteren (Softbots) und kollaborativen Robotern (Cobots) per Sprache, Gestik und Mimik.

Prof. Wolfgang Wahlster

Er ist einer der prägenden Köpfe der Künstlichen Intelligenz (KI) in Europa. Als Gründungsdirektor des Deutschen Forschungszentrums für Künstliche Intelligenz (DFKI) und später als Vorsitzender der Geschäftsführung hat Professor Wolfgang Wahlster das DFKI bis 2019 zur weltweit größten Forschungseinrichtung auf diesem Gebiet mit mehr als 1.000 Beschäftigten ausgebaut. Derzeit dient er der Geschäftsleitung des DFKI als Chefberater. Für seine Forschungserfolge wurden ihm vom Bundespräsidenten der Deutsche Zukunftspreis, das Verdienstkreuz erster Klasse und das Große Verdienstkreuz verliehen. Der gebürtige Saarländer ist seiner Heimat seit jeher verbunden und hat dazu beigetragen, „sein" Bundesland zum Vorreiter-Standort für KI zu machen.

Ich bin sehr dankbar, dass ich meiner Leidenschaft für die Realisierung sprachverstehender KI-Systeme schon seit meinem Studium nachgehen durfte. Dass ich dafür auch noch bezahlt wurde und der Staat in 45 Jahren über 200 Millionen Euro für die Finanzierung meiner Forschungsteams bereitstellte, hat es zudem erleichtert, meine Day-One-Mentalität bis heute zu erhalten.

Mit unvermindertem Innovationstempo in die Zukunft

Multimodale Sprachdialogsysteme werden in einer weiteren Welle der Digitalisierung unser Arbeits- und Privatleben erneut revolutionieren, indem KI-basierte IT-Systeme jedem Menschen hochintelligente Assistenzleistungen individuell bereitstellen, bestehende Prozesse transformieren und neue Formen der Wertschöpfung ermöglichen. Unsere Zielvorstellung, mit Dingen in unserem Umfeld mithilfe aller unserer Sinne kommunizieren zu können, ist heute mit großen neuro-symbolischen KI-Modellen in greifbare Nähe gerückt. Es gilt aber nach wie vor, mit unvermindertem Innovationstempo auch zukünftig weiter Neues zu erreichen. Denn das Verhalten der KI-Systeme muss besser erklärbar und vertrauenswürdiger werden. Wir können uns also auch in der aktuellen Erfolgswelle der KI keine Verschnaufpause leisten, sondern müssen das Innovations- und Transfertempo weiter erhöhen, um unsere Position als einer der führenden Produktionsstandorte im globalen Wettbewerb mithilfe einer Day-One-Mentalität zu behaupten.

Day One aus Tradition – *seit 1761*

Die Saarbrücker Zeitung ist eine der ältesten heute noch erscheinenden Tageszeitungen in Deutschland. Ihre Wurzeln reichen bis ins Jahr 1761 zurück. Sie ist aber auch schon ein „digitaler Oldtimer". Neben der gedruckten Zeitung gibt es bereits seit drei Jahrzehnten eine Website, dazu eine digitale Zeitung sowie eine Nachrichten-App. Die Redaktion veröffentlicht Inhalte auf Facebook, Instagram und TikTok, es gibt zahlreiche eigene Newsletter und Podcasts. Wie digitalisiert man ein Traditionsblatt mit jahrhundertealter Geschichte? Darüber sprachen wir mit Chefredakteur Peter Stefan Herbst.

Herr Herbst, der Day One bei der Saarbrücker Zeitung liegt ja schon mehr als 260 Jahre zurück. Ist die Day-One-Haltung da nicht ziemlich eingestaubt?

Das könnte man vermuten, tatsächlich ist das Gegenteil der Fall. Die Entwicklung des von Fürst Wilhelm Heinrich von Nassau-Saarbrücken begründeten Bekanntmachungsblattes über ein Verlautbarungsorgan der Herrschenden hin zu einer unabhängigen Stimme war schwierig und durch viele Rückschläge geprägt. Die Meinungs- und Pressefreiheit wurde immer wieder bedroht, eingeschränkt oder unterdrückt. Die Zahl der Neuanfänge nach Kriegen, Exil, Verboten oder Gleichschaltung ist in der von Deutschland und Frankreich lange umkämpften Grenzregion besonders hoch und einmalig in der deutschen Medienlandschaft. Für Redaktion und Verlag gab es in mehr als zweieinhalb Jahrhunderten immer wieder eine Stunde null und unzählige Neustarts. Der Day One gehört damit zur DNA der Saarbrücker Zeitung, deren traditionsreicher Verlag sich in den vergangenen Jahrzehnten zu einem modernen Medienhaus weiterentwickelt hat.

Was hat Ihnen mit Blick auf die ständige Weiterentwicklung Ihrer Zeitung geholfen?

Die Erstellung einer gedruckten Tageszeitung und die dafür erforderlichen Arbeitsabläufe befördern eine Day-One-Haltung, denn wir mussten unser Produkt schon immer täglich neu erfinden. In einer Zeitungsredaktion kennen Sie abgesehen von wenigen nicht tagesaktuellen Stoffen morgens nie die Inhalte oder Bestandteile Ihres Produktes, das Sie abends fertigstellen. Bei veränderten oder dramatischen Nachrichtenlagen müssen Sie im Zweifel auch kurz vor Redaktionsschluss noch geplante oder gerade fertiggestellte Inhalte über Bord werfen und unter hohem Zeitdruck mit kühlem Kopf vieles ganz anders machen. Neugier, Fokussierung und Agilität gehören bei Journalisten zu den unabdingbaren Voraussetzungen für den Erfolg. Diese Eigenschaften sind auch hilfreich bei Veränderungsprozessen und erhalten eine Day-One-Haltung aufrecht.

Trotzdem ist die digitale Transformation eines analogen Produktes nicht einfach. Oder doch?

Der Prozess braucht seine Zeit und nicht jeder Anlauf führt gleich zum Erfolg. Mit sz-newsline.de war die Saarbrücker Zeitung 1993 einer der ersten deutschen Verlage mit einem Internetangebot. Auch das war sicher ein wichtiger Day-One-Moment. Wir haben schnell ordentliche Reichweiten erzielt und Werbeflächen vermarktet. Doch erst mehr als 25 Jahre später konnten wir ein Abomodell für unsere Premiuminhalte erfolgreich einführen. Zu lange galt, dass Journalismus im Netz keinen Preis hat. Doch guter Journalismus kann nicht ausschließlich mit Werbung finanziert werden.

Hat auch mal etwas nicht funktioniert?

2005 und 2006 konnten wir vor den großen Erfolgen von StudiVZ und Facebook unter sol.de eine starke, junge Community im Saarland aufbauen, von der fast alle danach zum weltweiten Marktführer gewechselt sind. Vieles hat früher oder später funktioniert, manches aber auch nicht. Und anderes hatte nur eine gewisse Halbwertszeit. Das ist nicht schlimm, sondern ein wichtiger Teil des nicht endenden Lernprozesses.

Wie nehmen Sie die Mitarbeitenden mit auf diese lange Reise?

Wir haben seit 2016 mehr als 250 hausinterne Schulungsmaßnahmen in kleinen und in größeren Gruppen durchgeführt, von einfachen Trainings zur Suchmaschinenoptimierung über Vorträge von Digitalexperten aus Wirtschaft und Wissenschaft bis hin zu mehrtägigen Workshops. Hinzu kommen viele Empfehlungen von Onlinekursen, bei denen sich jeder nach eigener Zeiteinteilung und Lerngeschwindigkeit weiterbilden kann. Immer wieder kommt Neues hinzu, da sich Technologien ständig weiterentwickeln und sich damit auch neue Möglichkeiten bieten.

Wie wichtig ist eine Präsenz der einzelnen Mitarbeitenden auf Social Media?

Mit den Angeboten der Saarbrücker Zeitung bei Facebook, Instagram & Co. versuchen wir Menschen, die keine enge Bindung zu uns haben, dort abzuholen, wo sie sind, um sie für unsere Beiträge und Angebote zu gewinnen. Doch wie immer bei Social Media sollten die persönlichen Auftritte von Mitarbeiterinnen und Mitarbeitern nicht unterschätzt werden. Einzelne Redakteurinnen und Redakteure haben als Experten für ihre Themen besonders hohe Interaktionsraten. Von der Verlinkung zu ihren Beiträgen auf saarbruecker-zeitung.de kann das Unternehmen stark profitieren, wenn der Autor in seiner Community selbst schon eine Marke ist.

Das Saarland-Marketing wirbt mit dem Claim „Großes entsteht immer im Kleinen“. Sehen Sie das für Ihr Medienhaus genauso?

Der Slogan ist schön, trifft aber nicht immer zu. Den Weg der Digitalisierung alleine zu gehen, würde keinen Sinn machen. Dafür gibt es zu viele gute Ideen und technische Möglichkeiten, deren Prüfung uns alleine überfordern würde. Wir profitieren hier von unserem Mehrheitsgesellschafter, der Rheinischen Post Mediengruppe in Düsseldorf, die eines der reichweitenstärksten Nachrichtenportale in Deutschland betreibt. Dort gibt es starkes Knowhow in Projektmanagement, Softwareentwicklung, Suchmaschinenoptimierung, Traffic-Management, überregionaler Vermarktung oder Künstlicher Intelligenz, das wir gerne nutzen. Die inhaltlichen Angebote der einzelnen Medien bleiben stark regional geprägt. Wir tauschen lediglich überregionale Inhalte aus und arbeiten vor allem hinter der für den Nutzer sichtbaren Ebene eng zusammen. So verhindern wir unnötige Doppelarbeit, befördern den Austausch und erhöhen die Schlagkraft der Gruppe.

Inwiefern holen Sie sich auch Anregungen von außen?

Die Medienbranche in Deutschland ist in vielen Fragen auf der Suche nach Best Practice-Beispielen. Das rückläufige Print-Geschäft auf der einen und die Chancen im Digital-Geschäft auf der anderen Seite befördern Offenheit und Austausch. Auch die nicht immer einfachen Rahmenbedingungen sind ein starker Innovationstreiber. Digital-Publisher und Zeitungsverleger sind inzwischen enger zusammengerückt. Dies lässt die Lernkurve deutlich schneller ansteigen.

Wer ist im internationalen Vergleich bei der Digitalisierung ganz vorne dabei?

In den USA und Skandinavien sind viele der noch verbliebenen Akteure weiter als in Deutschland. Das liegt daran, dass es dort früher und schneller einen massiven Einbruch der Print-Auflagen und der Werbeeinnahmen gab. Dieser Druck hat die Entwicklung neuer digitaler Geschäftsmodelle beschleunigt. Es ist deshalb kein Zufall, dass es viele deutsche Medienmanager und Chefredakteure in die USA und nach Skandinavien zieht, um dort Ideen zu sammeln und zu prüfen, ob sich die Geschäftsmodelle übertragen lassen.

Ist Künstliche Intelligenz für die Saarbrücker Zeitung eher Fluch oder Segen?

Beides. Einerseits hilft uns KI schon heute, Prozesse zu optimieren und Inhalte im Digitalen zielgerichteter auszuspielen. Hier wird schnell noch viel mehr möglich sein. Andererseits dürfte KI die Informationsschwemme mit fragwürdigen Inhalten verstärken. Meiner Überzeugung nach

> „Die nicht immer einfachen Rahmenbedingungen sind ein starker Innovationstreiber.“

wird KI die Monopole der großen US-amerikanischen Tech-Konzerne weiter festigen. Die Algorithmen der großen Plattformen verstärken allzu oft Fake News und radikale oder emotionale Inhalte, weil sie die Nutzer so länger an sich binden. Das unmoralische Dominieren der politischen Meinungsbildung gefährdet nicht nur Meinungsvielfalt und Wettbewerb, sondern am Ende auch die Demokratie. Deutschland und die EU müssen durch Regulierung den Machtmissbrauch ihrer Monopole durch Google, Facebook & Co. stoppen. Auch deren Zerschlagung darf dabei kein Tabu sein, geht es doch um das Fundament unseres Zusammenlebens, das von diesen Konzernen ausgehöhlt wird.

Was ist „echte" journalistische Arbeit in Zeiten von KI noch wert?

Heute kann jeder News und Inhalte verbreiten. Gleichzeitig wächst aber auch die Zahl der Nutzerinnen und Nutzer, die sich in Zeiten gezielter Desinformation und halluzinierender KI fragt, welcher Nachrichtenquelle sie noch vertrauen können, und die sich deshalb bewusst an bundesweit oder regional bekannten Marken orientieren. Das ist für uns von Vorteil und zeigt sich auch bei jüngeren Zielgruppen, die sich nie für ein Print-Abonnement interessieren würden. Sie schätzen unser Digital-Angebot, weil die Marke Saarbrücker Zeitung auch im Netz als eine belastbare und seriöse Quelle gesehen wird.

> „Als ‚digitaler Oldtimer' konnten wir über lange Jahre viele Erfahrungen am Markt sammeln, die wir jungen Start-ups voraushaben."

Wie verdienen Sie denn morgen Ihr Geld, wenn die Zahl der hochpreisigen Print-Abonnements weiter zurückgeht?

Grundsätzlich werden unsere Erlöse aus dem digitalen Bereich einen immer größeren Anteil an unseren Einnahmen ausmachen. Trotzdem wird die Zeitung in der gedruckten Form gerade für ältere Zielgruppen, deren Lebenserwartung erfreulicherweise weiter steigt, noch über viele Jahre hinweg ein attraktives Angebot

Peter Stefan Herbst

Im Jahr 1965 in Bonn geboren, ist Peter Stefan Herbst seit 1988 journalistisch tätig. Als Redakteur, Kolumnist und Korrespondent arbeitete er für verschiedene Tageszeitungen in München, Hamburg, Dresden, Leipzig und Cottbus. Er war Chefredakteur der Dresdner Neuesten Nachrichten und der Lausitzer Rundschau, bevor er im Herbst 2005 zum Chefredakteur der Saarbrücker Zeitung berufen wurde. Hier setzte er Anfang 2006 erstmals in Deutschland das später von Bild, Stern und zahlreichen weiteren Medien übernommene Konzept der Leserreporter um. User-Generated Content gewann dadurch an Bedeutung und Relevanz.

Herbst gehört dem Kuratorium des Theodor-Wolff-Preises, dem Beirat des Deutschen Zeitungsmuseums und dem Aufsichtsrat der Katholischen Nachrichten-Agentur (KNA) an. Darüber hinaus ist er Berater der Publizistischen Kommission der Deutschen Bischofskonferenz. Reisen und Fotografie gehören zu seinen Hobbys. Sein Lebensmotto: „Wer nicht neugierig ist, erfährt nichts." (Johann Wolfgang von Goethe)

sein. Menschen, die über Jahrzehnte das besondere haptische Erlebnis am Frühstückstisch kultiviert haben, wollen nicht ohne Weiteres zur Lektüre auf dem Tablet oder am Desktop-PC wechseln. Doch die Zukunft gehört ohne jeden Zweifel den digitalen Angeboten. Als „digitaler Oldtimer" konnten wir über lange Jahre viele Erfahrungen am Markt sammeln, die wir jungen Start-ups voraushaben. Bei uns gilt: Day One aus Tradition – seit 1761. Selbst das klassische E-Paper, das schon fast 20 Jahre alt ist, haben wir x-fach verbessert und werden es auch künftig noch weiterentwickeln. Die entscheidende Frage für unsere Zukunft und die anderer Medienhäuser ist aber, ob es uns gelingt, die hohen Reichweiten, die wir auch bei jüngeren Zielgruppen auf unseren Portalen haben, stärker als bisher zu monetarisieren. Unabhängiger Journalismus wird in der digitalen Welt nur möglich sein, wenn er finanziell nicht allein vom Werbegeschäft abhängt. Deswegen sind erfolgreiche Bezahlmodelle immer auch im Interesse der Leserinnen und Leser.

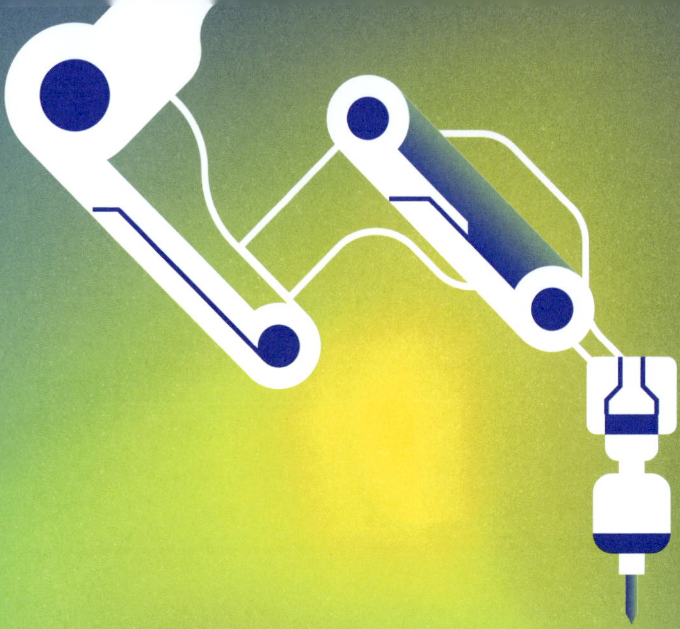

„Um unsere Kunden zu verstehen, hören wir auf sie“

Sie spricht fünf Sprachen, darunter Schwedisch und Chinesisch, kommuniziert aber auch souverän mit Kollege Roboter: Dr. Christina Franke, Entwicklungsleiterin im Produktbereich Assembly Technology bei Bosch Rexroth, gehört zu den Vordenkerinnen der Industrie 4.0.

Frau Dr. Franke, wann war Ihr persönlicher Day One bezogen auf Ihr großes Interesse an Technik und Fortschritt?

Das war schon sehr früh in meinem Leben. Mein Onkel ist Elektroingenieur, und als ich neun oder zehn Jahre alt war, hat er mir den roten Lkw von Lego Technik zu Weihnachten geschenkt. Mit Kurbelwelle, Zylinderkopf und pneumatischer Ladeplattform, die sich so richtig gehoben und gesenkt hat. Großartig! Selbst etwas zu bauen, was dann auch eine Funktionalität hat, was sich irgendwie bewegt und dreht, das fand ich faszinierend.

Sie sind dabeigeblieben und gelten heute als eine Vordenkerin der „Industrie 4.0“. Wie erklären Sie diesen Begriff jemandem, der damit nicht vertraut ist?

Es geht dabei um die Vernetzung von Maschinen, Arbeitsabläufen und Produkten. Wer zu Hause eine Smart-Home-Installation hat, kennt das: Da bewegen sich die Rollläden automatisch rauf und runter, und es reden Komponenten miteinander, die früher manuell betätigt wurden und nichts miteinander zu tun hatten. So ist das auch bei Industrie 4.0 oder der Fabrik 4.0. Da meldet sich dann das Produkt selbst an und „sagt“: „Hallo, ich bin ein Teil, das eine Drehbearbeitung oder ein Bohrloch braucht, Maschine, bitte sorg jetzt dafür!" Die erforderlichen Daten dafür sind alle in einer hausinternen Cloud hinterlegt.

Und bei den Rollläden zu Hause redet wer mit wem?

In dem Fall sind Sie als Mensch das Produkt, wobei Sie selbst nichts sagen, sondern meist „spricht" Ihr Smartphone. Es identifiziert Sie, wenn es sich mit Ihrem WLAN verbindet, und „sagt": „Frau X ist gerade zur Tür hereingekommen und sie möchte, dass a) die Rollläden runterfahren, weil es jetzt Abend ist, b) die harmonische Beleuchtung im Wohnzimmer angeht und c) der Backofen auf 230 Grad vorheizt, denn heute ist Montag und da isst sie immer Pizza." Das haben Sie selbst so einprogrammiert. Unsere Produkte machen das genauso, nur ohne Smartphone, sondern mit einem RFID-Tag oder einer anderen technischen Lösung.

Der Begriff „Industrie 4.0" ist gut zehn Jahre alt, Sie selbst haben schon vor 20 Jahren über „Prozesskettenplanung in der Digitalen Fabrik" promoviert. Wo sehen Sie die „Fabrik 4.0" heute, also die digitale Transformation hin zur Smart Factory?

Was damals Kernthema meiner Promotion war, haben wir heute: ein Datenmanagement, wie ich es eben erläutert habe. Bei Bosch Rexroth sind wir immer an dem Thema drangeblieben und bieten heute zum Beispiel unsere Steuerungs- und Automatisierungsplattform ctrlX an, die es ermöglicht, mit verschiedenen Software-Modulen die Maschinen für eine Fertigung entsprechend flexibel einzurichten.

Wie verändert sich dadurch die industrielle Fertigung konkret?

In der Vergangenheit war es oft so, dass Maschinen und Anlagen für eine bestimmte Aufgabe von vornherein mit Software bestückt, Hard- und Software also sehr eng miteinander verbunden waren. Das trennen wir nun, wie wir das alle von unseren Smartphones kennen: Es gibt ein Gerät, die Hardware, und dafür bieten wir verschiedene Software an. Damit kann ich eine Produktionsanlage sehr viel flexibler, langlebiger und auch nachhaltiger ausrichten. Aus einer Maschine wird auf diese Weise keine eierlegende Wollmilchsau. Aber unsere Industrieschrauber etwa kann der Kunde mit ein paar Klicks am Rechner auf neue Anwendungen konfigurieren, während der Mitarbeiter in der Fertigung noch tut, was er die ganze Zeit damit getan hat. Das macht den Schrauber universell einsetzbar, auch um auf neue Anforderungen des Marktes zügig zu reagieren.

Und in zehn Jahren, im Jahr 2034?

Wir werden in den Fabriken noch viel mehr Automatisierung sehen. Heute schon findet man Roboter an Stellen, wo es immer genau die gleiche Aufgabe mehrfach zu erledigen gibt. Von solchen repetitiven Tätigkeiten werden Menschen in zehn Jahren noch deutlich mehr entlastet werden, um anspruchsvollere zu übernehmen. Den Materialtransport in den Fabriken werden vor allem autonome Systeme erledigen. Und viel mehr Daten werden nicht nur erfasst, sondern von KI-Systemen für den Menschen aufbereitet, um qualifizierte Entscheidungen zu treffen. Parallel braucht es aber auch eine offene Grundhaltung, eine gewisse positive Art, sich auf Neues einzulassen, um mit dieser Welt umgehen zu können.

„Von repetitiven Tätigkeiten werden Menschen in zehn Jahren noch deutlich mehr entlastet werden, um anspruchsvollere zu übernehmen."

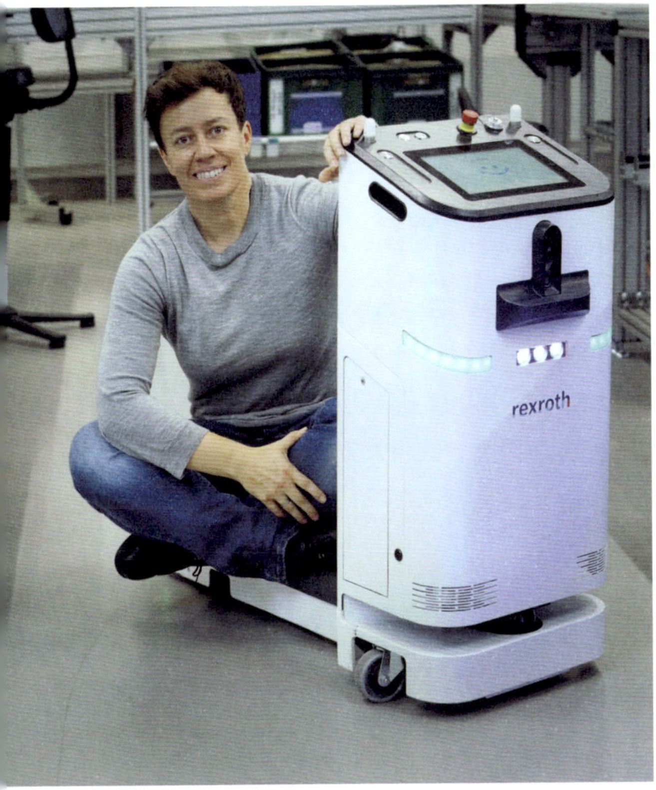

Was heißt das für die Zusammenarbeit von Mensch und KI?

In der intelligenten Fabrik wird die Interaktion zwischen Mensch und intelligenter Maschine immer wichtiger. Unser autonomer mobiler Roboter, das „Active-Shuttle", transportiert schon heute einen Stapel mit Kisten selbstständig durch die Fertigung. Das ist ein bisschen wie autonomes Fahren auf der Autobahn, nur schwieriger, weil in der Fertigung ständig Sachen umgebaut werden. Fällt das autonome System des Roboters mal aus und er bleibt stehen, sollte der nächste Mitarbeitende, der vorbeikommt, mit ihm interagieren können. Nur hat heute noch nicht jeder ein intensives Training dafür bekommen. In wenigen Jahren hingegen werden uns Roboter sagen, wie wir ihnen helfen können.

Wie gut ist die Industrie in Deutschland insgesamt für solche Entwicklungen aufgestellt?

Ich erlebe das als sehr heterogen. Da sind einerseits große Industriezweige wie die Automobilindustrie, die sich auch Themen wie der Digitalisierung schon früh angenommen haben. Sie verfügen auch über die nötigen Budgets, um zu investieren. Kleine und mittelständische Unternehmen hadern hingegen teilweise mit der Notwendigkeit, weil sie den Nutzen nicht direkt für sich sehen. Denn führen sie so etwas ein, brauchen sie auch kundige Menschen in ihrer Fertigung, die solche Maschinen betreiben können. Das erfordert entsprechende innerbetriebliche Fortbildungen. Wir bilden das in Deutschland in klassischen Ausbildungsgängen für Facharbeiter wie etwa für Mechatroniker in den letzten Jahren zwar stärker ab, aber aus meiner Sicht immer noch nicht genug. Hier bräuchte es noch eine radikalere Entschlossenheit.

Wie motivieren Sie Ihre Mitarbeitenden, bei diesem agilen Arbeiten Schritt zu halten und selbst jeden Tag als Day One erfahren und auch genießen zu können?

Man muss aufpassen, nach einem erreichten Ziel nicht immer gleich schon die nächste Herausforderung zu formulieren und so in einem ewigen Hamsterrad zu laufen. Deshalb versuche ich immer ganz bewusst, Zwischenziele zu setzen. Sind wir dort angelangt, machen wir auch mal Pause zum Innehalten. Mit Kaffee und Kuchen oder Butterbrezeln für alle, damit man auch mal sagen kann: „Cool, haben wir geschafft!" Gleichzeitig ist es wichtig, den Mitarbeitenden das langfristige Ziel aufzuzeigen. So eine Vision des Fortschritts hilft ungemein.

Wie wichtig ist globale Zusammenarbeit, wenn es darum geht, erfolgreich Neues zu entwickeln? Wie kann die Politik dabei unterstützen?

Unsere Kundenunternehmen weltweit unterscheiden sich in dem, was sie brauchen. Das erfassen wir nur, wenn wir uns global aufstellen und auf unsere Kunden hören. Ein Beispiel aus einem anderen Produktbereich von Bosch Rexroth, der Mobilhydraulik: Für die Bedienung eines Baggers haben wir einen neuen Joystick entwickelt. Er hat nicht nur diese seitliche ergonomische Form für die Handfläche, wie wir es in Europa gewohnt sind. Er hat oben noch eine Kante, denn im Kontakt mit Kunden weltweit haben wir festgestellt, dass manche ihn von oben greifen, die Finger unter der Kante einhaken und ihn so bewegen. So etwas fließt schon in der Entwicklung mit ein, wenn internationale Teams daran beteiligt sind. Von der Politik würde ich mir wünschen, dass uns die Rahmenbedingungen erhalten bleiben, so international zu arbeiten.

„Man muss aufpassen, nach einem erreichten Ziel nicht immer gleich schon die nächste Herausforderung zu formulieren und so in einem ewigen Hamsterrad zu laufen."

Dr. Christina Franke

Seit Juni 2022 ist Dr. Christina Franke als Entwicklungsleiterin in der Business Unit Assembly Technology bei Bosch Rexroth in Stuttgart tätig. Nach ihrem Studium der Konstruktions- und Fertigungstechnik an der Universität des Saarlandes und einem Auslandsjahr in Schweden arbeitete sie ab 1999 als wissenschaftliche Mitarbeiterin am Lehrstuhl für Fertigungstechnik.

Nach ihrer Dissertation startete sie 2004 ihre berufliche Laufbahn in der Bosch-Gruppe, die vielfältige Aufgaben beinhaltete. Von 2011 bis 2015 baute sie die Fertigung im Powertrain-Werk in Wuxi, China, mit auf. Ab Mitte 2019 war sie im Zentralbereich Forschung und Vorausentwicklung für den Bereich Engineering zuständig und leitete dort unter anderem die Innovationsarbeit in den Bereichen Industrie 4.0 und Elektromobilität.

In ihrer Freizeit begeistert sie sich vor allem für Skifahren und Radsport. Gerne schraubt sie auch selbst an ihren Fahrrädern herum und versucht, ihre Tochter nicht nur fürs Radfahren, sondern auch fürs Schrauben zu begeistern.

Im April 2023 sind Sie von der Deutschen Messe AG auf der Hannover Messe mit dem „Engineer Powerwoman Award 2023" ausgezeichnet worden. Herzlichen Glückwunsch nachträglich! Was bedeutet diese Auszeichnung für Sie?

Ich freue mich über die Wertschätzung, die ich dem Preis entnehme. Ich verstehe ihn auch als Ermutigung, weiterzumachen wie bisher und mitzuhelfen, dass sich noch mehr Frauen für einen Beruf im MINT-Umfeld entscheiden oder auch zunächst für ein entsprechendes Studium. In den ingenieurwissenschaftlichen Fächern tun wir uns insbesondere in Deutschland noch ein bisschen schwer, die Frauen zu begeistern. Und wenn am Beginn aller Ingenieursstudiengänge nur 15 Prozent Frauen dabei sind, dann ist klar, dass nicht allzu viele am Ende tatsächlich in diesen Berufsfeldern zu finden sind. Die Unternehmen müssen noch mehr mit weiblichen Vorbildern in die Schulen gehen, da sind auch wir von Bosch Rexroth in der Pflicht. Ich selbst halte regelmäßig Vorträge an Hochschulen.

Von der Krise auf Wolke sieben

Belegschaft motiviert, Kunden überzeugt, Investoren zufrieden: Aus der einst schwächelnden NRW-Airline Eurowings ist ein führender europäischer Ferienflieger geworden. Was es dazu brauchte? Die schlimmste Krise der Luftfahrt, Mut zu gravierenden Veränderungen und ein engagiertes Team, das den Day-One-Spirit lebt.

Auf dem Schreibtisch von Jens Bischof lagen Informationen mit dem Siegel „streng vertraulich". An sich nichts Ungewöhnliches für einen CEO, doch dieses Dokument hatte es in sich. Wenige Wochen zuvor war Bischof bei Eurowings angetreten – mit vielen Ideen und Plänen für die Zukunft einer Fluglinie, die sich bis dahin schwergetan hatte im beinharten europäischen Wettbewerb. Doch jetzt mussten alle Ideen und Pläne zur Erneuerung warten. Denn das Dokument auf Bischofs Schreibtisch empfahl der Geschäftsführung etwas schier Unvorstellbares: das sofortige Grounding der Eurowings-Flotte.

Fluglinien, die nicht mehr fliegen? – So sieht es tatsächlich aus im März 2020. Ein Virus namens SARS-CoV-2 geht gerade um die Welt. Es bringt eine ganze Industrie nahezu vollends zum Erliegen. Grenzen werden geschlossen, Einreiseverbote verhängt. Die Lage scheint aussichtslos, und die Geschäftsführung leitet umgehend eine Restrukturierung des Unternehmens ein. Sie markiert, wie sich später herausstellt, eine bemerkenswerte Wende. „Vor der Krise wollten wir Eurowings neu positionieren, um Kunden wieder begeistern und Mitarbeitende wieder motivieren zu können. Dieses Ziel schien durch die Pandemie plötzlich außer Reichweite", erinnert sich Bischof im Gespräch – mehr als drei Jahre danach.

Dass er jetzt anders auf diese XXL-Krise zurückblickt, liegt an einer Eurowings, die sich besser präsentiert denn je. Die Airline ist 2023 deutlich in die Gewinnzone geflogen – zum ersten Mal seit mehr als zehn Jahren. Das liegt auch daran, dass die Deutschen wieder große Lust haben zu reisen, trotz galoppierender Inflation und entsprechend höherer Ticketpreise. Eurowings fliegt inzwischen zu fast 150 Business- und Ferienzielen, so viele Strecken wie nie zuvor: „Die Krise hat allen sehr deutlich gezeigt, wie wichtig es ist, dass wir Menschen, Kulturen und Volkswirtschaften miteinander verbinden", so Bischof. Davon profitiert „Deutschlands größter Ferienflieger", wie sich Eurowings inzwischen nennen darf, erheblich.

Die Krise als Chance sehen

Aber genügt das, um die Wende zu erklären? Wenn ein Unternehmen nach langer Durststrecke Millionengewinne ausweist, dann ist das nicht zuletzt für die 5.000 Eurowings-Beschäftigten eine erfreuliche Nachricht. Wenn es aber zuvor dicht vor dem Aus stand und die rund drei Jahre eine einzige lange Branchenkrise waren, muss mehr dahinterstecken als neue Reiselust und bessere Ticketpreise. Es drängt sich die Frage auf, ob das eine mit dem anderen zusammenhängt. Ob große Krisen auch immer große Chancen bieten für Unternehmen, die sich mutig verändern und besser auf Kundenwünsche hören.

„Bei einem Umsatzeinbruch von fast 90 Prozent im April 2020 gab es zunächst nur eines: restrukturieren, Kosten senken und mit dem auskommen, was noch übrig war“, sagt Bischof. Staatskredite unter dem Dach der Lufthansa Group seien überlebensnotwendig gewesen, keine Frage. „Aber wir konnten konzernweit alles viel schneller zurückzahlen als gedacht. Dafür mussten wir bei Eurowings – wie im gesamten Konzern – aber jeden Stein umdrehen.“ Das hieß auch Personal abzubauen, die Belegschaft schrumpfte um ein Viertel, das Eurowings-Management gar um ein Drittel. Das bedeutete auch, alle Verträge neu zu verhandeln – für Personal, Wartung, Treibstoff, Flughafengebühren und vieles mehr. Die Flotte wurde runderneuert, auf eine Airbus A320-Familie vereinheitlicht, kleinere Propellermaschinen wurden aussortiert.

Erfahrungen aus der Pandemie führten auch dazu, eigene Kapazitäten kleiner und flexibler zu halten. „Wir planen unseren Bedarf jetzt entlang der erfahrungsgemäß schwächeren Wintersaison, sind aber in der Lage, die Kapazitäten in Sommerferien-Peaks um etwa 20 Prozent aufzustocken. Dabei helfen uns Kooperationspartner, bei denen wir Flugzeuge samt Crews für kurze Zeit anmieten“, erklärt Bischof. Sollte die Nachfrage im Sommer geringer ausfallen als geplant, dienen diese Leasing-Kapazitäten als Puffer.

Neue Kooperationen im Fluggeschäft

Für das Geschäft der Zukunft werden grenzüberschreitende Partnerschaften innerhalb Europas ohnehin wichtiger. Mit dem tschechischen Marktführer Smartwings vereinbart Bischof noch zu Krisenzeiten ein erstes Codeshare-Abkommen, bei dem die Partner ihre Vertriebs-Power bündeln und ein Portfolio an Flügen gemeinsam verkaufen. Um auch im Süden Europas mehr Vertriebskraft zu entwickeln, folgte im Jahr 2023 eine Kooperation mit der schnell wachsenden spanischen Fluglinie Volotea. Weitere Partnerschaften sind in Planung. „Die Stärke der Lufthansa Group und ihre Einkaufsmacht etwa bei Flugzeugen, Kerosin oder Versicherungen bleibt für uns natürlich sehr wichtig. Aber wir brauchen auch die Freiheit, uns zu emanzipieren und im hart umkämpften Europaverkehr viele eigene Lösungen und Partnerschaften zu entwickeln“, sagt Bischof.

Noch immer liegen die Kosten des Unternehmens aus Köln/Bonn um ein Fünftel niedriger als vor der Krise, obwohl die Airline europaweit auf Wachstumskurs ist und heute mehr Mitarbeitende hat als je zuvor in 30 Jahren Eurowings. Mit Kostensenkungen allein sei es aber nicht getan, warnt Bischof: „Um Kunden überzeugen zu können, müssen wir uns täglich fragen: Was wollen sie? Wie können wir besser werden? Wie können wir ein Angebot schaffen, das als preiswert im echten Wortsinn empfunden wird?“ Für Bischof ein wichtiger Unterschied: „Wir können es nicht billiger als Ryanair, aber wir können es mit Blick auf Kundenservices besser, viel besser. Deshalb haben wir uns eine Positionierung gesucht, die man in den USA ‚Value‘ nennt – und hierzulande eben preiswert, mit klarer Betonung der Silbe -wert.“

Nachhaltigkeit als entscheidender Faktor

Damit ist der Eurowings-Chef dort angekommen, wo er 2020 hinwollte: auf dem richtigen Platz der Airline zwischen Billigfliegern und Premium-Airlines. Die richtige Balance zu wahren zwischen Kunden- und Kostenorientierung bleibt dabei ein schwieriges Unterfangen. Braucht es viele Services mit Liebe zu jedem Detail, oder ist es womöglich besser, die kommerziell wichtigsten so anzubieten, dass ein klarer Unterschied zum Wettbewerb sichtbar wird? Damit die Kundschaft Aufpreise für Gepäck oder kurzfristiges Umbuchen nicht als Bestrafung versteht, bietet Eurowings neben dem „Basic-Tarif“ auch einen „Smart-Tarif“ an, der Zusatzleistungen bereits inkludiert.

Eurowings hat diese Flexibilität zum Kernmerkmal der „Value“-Strategie erhoben: Keine andere Airline in Europa lässt 40 Minuten vor Abflug noch Umbuchungen von Kundenseite zu, die im „Smart-Tarif“ sogar kostenfrei bleiben. Auch hier erwies sich die Krise als Geburtshelfer, denn in Pandemiezeiten war es plötzlich der größte Wunsch von Kunden, nicht in Buchungen festzuhängen – auf die Gefahr hin, am Tag des Abflugs möglicherweise erkrankt zu sein.

Mitten in der Pandemie hatte Eurowings auch im „Basic-Tarif“ den freien Mittelsitz ab zehn Euro eingeführt – zunächst als Hygienemaßnahme. Zahlreiche Fluggäste begannen, mit Blick auf gängige Abstandsregeln, etwas mehr Platz und Privatsphäre im Flugzeug enorm zu schätzen. „Bis heute bleibt der freie Mittelsitz auch in Sitzreihen hinter der Business Class ein Verkaufsschlager, jetzt allerdings eher aus Komfortgründen. Immer mehr Fluggäste merken, dass sie sich so eine preiswerte Business-Class-Alternative quasi selbst bauen können“, erklärt Bischof.

Investieren will der Eurowings-CEO immer dort, wo sich ein Mehrwert ergibt. Immer mehr Kunden haben beispielsweise den Wunsch, nachhaltiger zu reisen, also entweder mit Beimischungen von synthetischem Kerosin (SAF) oder durch die Kompensation von CO_2-Emissionen. Auch hier hat Eurowings einen (digitalen) Weg gefunden, dies sichtbar und transparent zu machen. Ein Klick im Web oder in der App genügt, und die CO_2-Emissionen des Fluggasts werden gegen einen entsprechenden Aufpreis über Klimaschutzprojekte kompensiert.

Bischof hat Nachhaltigkeit in den Kern der Unternehmensstrategie gerückt. Vor der Zukunft des Luftverkehrs ist ihm nicht bange, weil die Industrie „mit großen Schritten klimafreundlicher“ werde, so der Eurowings-CEO. Bis 2030 will die gesamte Lufthansa Group ihre Emissionen halbiert haben, bis 2050 komplett CO_2-neutral fliegen. Drei Hebel sollen zu diesem Ziel führen: nachhaltige Treibstoffe wie synthetisches Kerosin, die Kompensation von Emissionen und – der kurzfristig wirksamste Hebel – modernste Technik. Allein Eurowings hat bereits rund 1,5 Milliarden Euro in 13 Jets der Airbus-Neo-Familie investiert, die größte Investition in der 30-jährigen Unternehmensgeschichte. „Und eine Investition, die sich rechnet, weil Neo-Flugzeuge deutlich spritsparender, emissionsärmer und 50 Prozent leiser sind als ihre Vorgängermodelle. Und zwar nicht erst 2030, sondern mit sofortiger Wirkung.“

Auch wenn es darum geht, das bestmögliche Team zusammenzustellen, ist Nachhaltigkeit für Bischof der entscheidende Faktor. Auf der Suche nach Fachkräften und neuen Talenten vermittle Eurowings auf vielen Kanälen eine authentische Leidenschaft für Luftfahrt, sagt er. Dieser Leidenschaft liegen wiederum Werte zugrunde, die Eurowings verkörpert. Dabei macht er keinen Unterschied zwischen Kundschaft und Mitarbeitenden: Beide seien sehr sensibel für Plattitüden wie etwa „Traum vom Fliegen“ und verlangten viel mehr nach einem echten, stabilen Wertekanon. Eurowings sieht zurzeit kaum Probleme, das Wachstum auch auf der Personalseite zu stemmen – für Jens Bischof ein weiteres Indiz, dass das Unternehmen als attraktiver Arbeitgeber unter dem Dach der Lufthansa Group gilt.

Die letzte Frage im Interview mit dem Eurowings-CEO lautete: Was motiviert Sie an einem Montagmorgen? Tatsächlich fand das Gespräch an einem Montag statt, nachdem zwei Tage zuvor ein schweres Unwetter über Mallorca hinweggefegt war. Eurowings musste 50 Flüge streichen, 8.000 Fluggäste saßen plötzlich fest. Sie schnellstmöglich nach Hause zu bringen, wurde Bischofs Wochenendbeschäftigung – mehr Motivation geht kaum. Und an einem normalen Montag? „Dann freue ich mich auf die spannendste Branche der Welt und auf all die Herausforderungen, die bis zu 600 Eurowings-Flüge pro Tag mit sich bringen. Dabei ist mein persönlicher Ansporn, das Fundament des Day-One-Spirits bei Eurowings zu festigen und auszubauen.“

„Ich freue mich täglich auf die spannendste Branche der Welt und auf all die Herausforderungen, die bis zu 600 Eurowings-Flüge pro Tag mit sich bringen. Dabei ist mein persönlicher Ansporn, das Fundament des Day-One-Spirits bei Eurowings zu festigen und auszubauen.“

Jens Bischof

Seit März 2020 ist Jens Bischof, geboren 1965 in Frankfurt am Main, Vorsitzender der Geschäftsführung und CEO von Eurowings. Er begann seine Karriere im Lufthansa-Konzern im Jahr 1990 bei Lufthansa Cargo und hatte seitdem verschiedene Positionen inne. So lenkte er unter anderem von 2006 bis 2011 das Passagiergeschäft der Lufthansa in Nord- und Südamerika und war danach als Lufthansa-Passage-Vorstand und Vertriebschef im Einsatz. Bevor er zu Eurowings kam, war er Geschäftsführer von SunExpress, einem Joint Venture von Lufthansa und Turkish Airlines. Der Airline- und Tourismusexperte unterstützt Start-ups als Seed-Investor und Berater und ist Mitglied in mehreren Aufsichtsräten, vor allem im Technologiebereich. Zwei Dinge faszinieren den Vater von zwei Kindern seit jeher: Tempo und Dynamik – egal ob beim Fußball, auf Skiern oder beim Autofahren. Die Geschwindigkeit des Fliegens bleibt aber unerreicht: „Wohl deshalb bin ich vor gut 30 Jahren in die Luftfahrt gekommen – und geblieben“, resümiert Bischof.

„Motivation braucht Sinnhaftigkeit“

Motivation und Erfolg – zwei Begriffe, die in wechselseitiger Beziehung zueinander stehen. Denn es braucht motivierte Mitarbeitende, um als Unternehmen erfolgreich zu sein. Doch was motiviert Menschen im unternehmerischen Kontext? Und welche Rolle spielen Führungskräfte dabei? Der Sozial- und Organisationspsychologe Dieter Frey geht diesen Fragen gemeinsam mit Franca Bergunde, Masterstudentin der Wirtschafts- und Sozialpsychologie, auf den Grund.

Motivation im Unternehmen setzt ein Leistungsmotiv, sowohl bei der Führungskraft als auch bei den Mitarbeitenden, voraus – man möchte gesetzte Ziele erreichen, eine gelegte Messlatte überspringen. Diese Ziele können dabei ganz unterschiedlich definiert sein: Erfolg beim Kunden, Ideen zur Verbesserung eines Produkts oder einer Dienstleistung, Schnelligkeit bei der Abwicklung eines Auftrags. Insofern heißt Motivation auch immer, sich heterogene Zielvorgaben zu setzen und diese erreichen oder gar übertreffen zu wollen. Personen ohne Motivation machen alles nach dem Minimumprinzip, sie identifizieren sich nicht mit den Aufgaben oder Zielen und sie befinden sich meistens in der inneren Kündigung.

Um das eigene Motivationslevel zu erhöhen, hilft es zu reflektieren: Welche Ziele sind mir wichtig, an welchen Leistungsstandards möchte ich mich messen? Was macht mir Spaß, wobei fühle ich mich wohl? Was ist für mich Lust, was Last? Was sind Anreize, sowohl monetärer als auch nicht monetärer Art, wenn ich mich laufend anstrenge, kreativ bin und möglicherweise ein Leben lang in derselben Organisation bin? Die Beantwortung dieser Fragen hängt direkt mit den eigenen Wertvorstellungen zusammen: Passen die Werte, die ich für mich festlege, mit den Werten der Organisation, für die ich arbeite, zusammen? Passen sie zu denen, die mein Team lebt, und zu denen, die mit der Erfüllung meiner Aufgabe verbunden sind? Nur das, was man gerne macht, macht man gut. Und nur das, was man gut macht, macht man gerne.

Als Mitarbeitender sollte man mutig sein und sich eine Arbeitsumgebung wünschen und einfordern, in der man selbstwirksam sein kann und die Selbstmotivation beim Erreichen der Zielsetzungen auch zeigen kann. In einer solchen Arbeitsumgebung ist die Zielerreichung mit der eigenen Person sowie mit dem Team verbunden und das Erreichen von (Teil-)Zielen wird auch gefeiert. Wir wissen aus der Forschung, dass es einige wenige Rahmenbedingungen braucht, damit Menschen intrinsisch motiviert sind. Nur auf extrinsische Motivation zu setzen, ist auf Dauer zu wenig.

Führungskräfte setzen Rahmenbedingungen

In einem Unternehmen sind es die Führungskräfte, die diese Rahmenbedingungen für intrinsische Motivation schaffen müssen: Es muss ihnen gelingen, den Mitarbeitenden den Sinn ihrer Aufgabe zu vermitteln – es muss klar sein, wofür man sich anstrengt, eine unternehmerische Vision hilft dabei. Mitarbeitende fühlen sich dann in ihrem Unternehmen wohl, wenn sie das Gefühl haben, durch ihre Arbeit einen sinnvollen Beitrag zur Lebensqualität, aber auch zur Nachhaltigkeit aller zu leisten – dies bezeichnet man als ethische Herausforderung.

In dem von uns entwickelten „Prinzipienmodell der Führung" haben wir aus psychologischen Grundbedürfnissen der Menschen Führungsprinzipien abgeleitet. Diese sind unter anderem die Prinzipien der Autonomie und Partizipation, der Sinn- und Visionsvermittlung, der Transparenz durch Information und Kommunikation, der Ziel- und Erwartungsklarheit und der Wertschätzung. Auch konstruktives Feedback, Fairness sowie soziale und emotionale Einbindung ins Team zur Erreichung eines Teamspirits sind Führungsprinzipien, die helfen, Mitarbeitende zu motivieren. Führungskräfte sollten erkennen, ob ihre Mitarbeitenden den Sinn ihrer Aufgabe vielleicht in einem anderen Bereich, in einem anderen Team besser finden und erfüllen könnten.

Natürlich müssen auch die notwendigen Rahmenbedingungen für Teamarbeit, Persönlichkeitsentwicklung und Kompetenzerweiterung geschaffen werden. Auch die Bezahlung ist mit der Motivation verknüpft, wobei zusätzliche Bezahlung nicht unbedingt auf Dauer Motivation erzeugt, aber schlechte Bezahlung Motivation blockiert. Wichtig ist eine sogenannte Effort-Reward-Balance (Anstrengungs-Belohnungs-Balance), was bedeutet, dass der betriebene Aufwand mit einer als angemessen wahrgenommenen Belohnung verknüpft ist.

Es gibt Personen, die sagen, man könne Mitarbeitende nicht motivieren, sondern maximal demotivieren. Das sehen wir anders. Eine schlechte Führungsperson reduziert das Wohlbefinden und die Zufriedenheit am Arbeitsplatz. Der Mitarbeitende ist froh, wenn Feierabend ist und sein Leben beginnt. Die Forschung zeigt, dass Mitarbeitende meist nicht wegen der Organisation kündigen, sondern wegen der Führungskraft. Eine gute Führungsperson begeistert Mitarbeitende, ist Vorbild und beteiligt sie letztlich am Erfolg. Aber wichtig ist auch, dass die Mitarbeitenden selbst Verantwortung übernehmen können. Gute Führungskräfte erhöhen also nicht nur das Wohlbefinden der Mitarbeitenden am Arbeitsplatz, sondern sie inspirieren sie.

Freiräume und Vertrauen gewähren

Zukunftsorientiert zu führen heißt zusammengefasst: Gib Freiräume und Vertrauen. Es geht darum, Spitzenleistung, Innovation und Nachhaltigkeit mit Menschlichkeit zu verbinden. Das bedeutet, ohne Ethik ist keine Exzellenz möglich. Wichtig für jede Organisation ist es, einen Wertekompass zu konzipieren, mithilfe dessen man das Ziel, die besten Mitarbeitenden zu finden und zu binden, erreichen kann. Unter Umständen ist es auch notwendig, ein gemeinsames Führungskonzept zu entwickeln. Dieses sollte Leistung gleichermaßen betonen wie Solidarität und Menschlichkeit. Zukunftsorientiert zu führen bedeutet aber auch, dass Führungskräfte selber als Vorbild vorangehen.

Das Stichwort „Vertrauen“ möchten wir an dieser Stelle eingehender beleuchten: Wichtig ist hier der sogenannte psychologische oder auch implizite Vertrag, der besagt, dass der Mitarbeitende und die Führungsperson gegenseitiges Vertrauen und Loyalität aufbauen. Wenn sowohl

Franca Bergunde

An der Ludwig-Maximilians-Universität München studiert Franca Bergunde Wirtschafts-, Organisations- und Sozialpsychologie. Zudem ist sie Stipendiatin der Friedrich-Naumann-Stiftung. Im Rahmen ihres Studiums schreibt sie ihre Masterarbeit zum Thema „Führung“ am Center for Leadership and People Management.

Prof. Dieter Frey

Nach dem Studium der Sozialwissenschaften in Mannheim und Hamburg promovierte und habilitierte Dieter Frey in Mannheim und wurde dann Professor für Sozial- und Organisationspsychologie in Kiel. Es folgten Professuren an der Graduate Faculty der New School for Social Research in New York und an der Ludwig-Maximilians-Universität München. Dort leitet er das Center for Leadership and People Management, eine Einrichtung der Exzellenzinitiative. Frey betreute bereits mehr als 100 Promotionen und circa 30 Habilitationen. Die Verknüpfung von Theorie und Praxis liegt ihm sehr am Herzen – er führte Forschungen zu Innovation, ethischer Führung, Zivilcourage, Verantwortung und Werte durch und war immer interdisziplinär orientiert. 1998 wurde er als Psychologe des Jahres ausgezeichnet. Ein großer Motivationsfaktor für seine eigene Arbeit ist für ihn Sinnhaftigkeit: „Es motiviert mich zu wissen, wo ich mit meiner Arbeit einen Beitrag leisten kann, und am Ende eines Tages festzustellen, dass ich bei einer schwierigen Aufgabe ein Stück weitergekommen bin. Allgemein motiviert es mich aber auch, wenn die intellektuelle Zusammenarbeit im Team von Humor geprägt ist.“

auf individueller Ebene wie im Team Vertrauen zur Führungskraft und zum Unternehmen besteht und man sich als Teil des Teams fühlt und sich auf das Unternehmen verlassen kann, hilft dies, eine emotionale Bindung zum Unternehmen aufzubauen. Gallup-Umfragen zeigen übrigens, dass weniger als 20 Prozent der Mitarbeitenden eine emotionale Bindung zu ihrem Unternehmen haben. Dies hängt unter anderem damit zusammen, dass wenig reflektiert wird, was an der Führungs- und Unternehmenskultur gut und was schlecht ist, und was besser gemacht werden kann. Dieser Prozess der Teamreflexion sollte regelmäßig, mindestens alle drei Monate, stattfinden.

Motivationstrigger im Wandel

Spannend ist, dass unterschiedliche Generationen unterschiedliche Motivationstrigger benötigen. Überspitzt gesagt brauchen die Generationen Y und Z aufgrund ihres Wertesystems Folgendes: Work-Life-Balance, die Chance zur Persönlichkeitsentwicklung, die Chance zur Teamarbeit, die Chance, auch für ethisch relevante, also nachhaltige Produkte und Dienstleistungen zu arbeiten. Diese Annahmen haben enorme Konsequenzen: Man muss davon ausgehen, dass Bezahlung und Karriere zwar wichtig sind, aber an Bedeutung verloren haben. Wichtiger ist eine sinnstiftende Arbeit in einem Team, in dem man sich entwickeln kann, das einen Teamspirit hat und das nötige Wohlbefinden erzeugt. Befehl und Gehorsam oder eine Führungskraft, die geprägt ist durch Narzissmus, wird von den Generationen Y und Z relativ schnell erkannt werden und unglaubwürdig sein.

„Eine Geschäftsidee lebt vom Innovationsgeist“

Unternehmen sind auf agile, digitale und innovative Geschäftsprozesse angewiesen, um wettbewerbsfähig zu bleiben. Mit dem Know-how von Tech-Start-ups können sie flexibler auf neue Anforderungen in der Geschäftswelt reagieren. Matthias Schievelbusch leitet TechBoost, das Start-up-Programm der Telekom, das Gründer und Unternehmen zusammenbringt. Im Interview erklärt er, warum der Day-One-Spirit für Gründer und Geschäftskunden gleichermaßen relevant ist.

Herr Schievelbusch, was ist TechBoost und warum braucht die Telekom ein eigenes Start-up-Programm?

Wir tragen dazu bei, die Telekom als Partner für nachhaltige, digitale Innovationen auch außerhalb des Kerngeschäfts des Konzerns zu positionieren. Wir wollen, dass die Geschäftskunden der Telekom wissen, welch innovativen Partner sie an ihrer Seite haben!

Durch unsere Organisationszugehörigkeit haben wir einen direkten Kundenzugang und kennen die Digitalisierungsbedarfe unserer Geschäftskunden aus erster Hand. Die Maxime ist immer, für die Herausforderungen der Kundinnen und Kunden ein passendes Start-up zu finden, das diesen Bedarf erfüllen kann. Zudem wollen wir durch die Förderung von Tech-Start-ups den Innovationsstandort Deutschland weiter voranbringen. Tatsächlich sind wir eines der größten Start-up-Programme bundesweit und eines von nur sehr wenigen, die auch extern agieren und Lösungen nicht nur fürs eigene Unternehmen entwickeln. Bei der Telekom hat das Thema einen so großen Stellenwert, dass wir bei vielen Kundenterminen auf Managementebene mit dabei sind.

Wo unterstützt TechBoost intern?

Unser Ziel ist es, Innovationen in den Konzern zu tragen und als Digitalisierungspartner mit anderen Bereichen zusammenzuarbeiten. Der Telekom-Vertrieb beispielsweise stellt bei den Terminen mit Geschäftskunden Start-ups aus dem TechBoost-Portfolio vor und zeigt auf, wie die Kundinnen und Kunden ihre Geschäftsmodelle revolutionieren können.

Auch andere Unternehmensbereiche profitieren vom TechBoost-Netzwerk: Über die Matchmaking-Plattform TechBoost Connect vernetzen sich unsere Innovationsteams und Fachbereiche mit Start-ups, um das perfekte Business-Match, die passende Innovation für interne Projekte oder Events, zu finden. Einige unserer Start-ups haben es bereits in das Telekom-Produktportfolio geschafft. Damit ist dieses Portfolio ein fester Bestandteil des Innovations-Ökosystems im Konzern.

Und die Kundinnen und Kunden kommen dann mit ihren Problemstellungen direkt auf Sie zu?

Am Ende sind die Einfallstore vielfältig: Geschäftskunden kommen auf uns zu oder wir platzieren mögliche Lösungsansätze, die interessant sein könnten – nachdem wir Geschäftsmodelle, Geschäftsberichte und mehr gescreent haben. Kein Kundentermin ist wie der andere, denn jede Herausforderung ist individuell. Wir bereiten uns auf jeden Termin so vor, als sei es der erste. Ziel ist es dann, gemeinsam eine konkrete Challenge zu erarbeiten, diese stellen wir dann auf der Plattform TechBoost Connect ein. Die rund 900 Tech-Start-ups können sich dann bewerben, um die Challenge zu lösen. Neben diesem Matchmaking führen wir mit unseren Kunden aber auch ganze Innovations-Workshops durch und versuchen über viele Folgegespräche neue Aufträge gemeinsam mit den Start-ups zu generieren.

Hilfe für die ersten Meter: TechBoost und go AVA

go AVA lädt die Besucherinnen und Besucher ihrer Website ein, die „neue digitale Kommunikation“ zu entdecken. Dahinter steckt ein großes Versprechen, das Mitgründerin Lara Dörner so zusammenfasst: „Wir wollen die digitale, auf künstlicher Intelligenz basierende Kommunikation sehr viel persönlicher und authentischer möglich machen, als dies bislang über Chatbots und doch recht statische Avatare der Fall war.“

Die konkrete Idee zu go AVA hatte Mitgründer Jan Schellenberger, der für ein Unternehmen gearbeitet hatte, das Medikamente per 3D-Druck herstellte. Wie könnte man die Kundinnen und Kunden, die diese Medikamente nutzen, individuell und nahbar aufklären, also einen personalisierten audiovisuellen „Beipackzettel“ erstellen? „Es wäre doch toll, wenn wir einen virtuellen Charakter konzipieren würden, der verifizierte Informationen bietet und dem man auch Rückfragen stellen kann, am besten in Echtzeit.“ go AVA war geboren. Und schon bald pitchten die Gründer ihr Projekt bei TechBoost – und wurden ins Portfolio aufgenommen. „Das war sehr hilfreich, denn wir hatten zu Beginn so viele Ideen, da war es nicht leicht, immer den Fokus zu bewahren. Mit unserem TechBoost-Partnermanager sprechen wir über Themen wie Vertriebs- und Preismodelle, aber auch über die generellen Fragen, die wir rund um die Unternehmensgründung haben.“ Zudem freut sich Lara Dörner über das große Netzwerk, zu dem sie durch TechBoost Zugang hat. „Über den Telekom-Vertrieb fällt unser Name bei Geschäftskunden, die sonst nicht von uns erfahren würden“, sagt sie.

Inzwischen können über go AVA virtuelle Charaktere in 65 Sprachen programmiert werden, die über sogenannte „trusted technology“ mit verifizierten Informationen arbeiten, nicht mit Wahrscheinlichkeiten. Optisch und akustisch sind sie von ihren lebenden Vorbildern kaum zu unterscheiden.

Was als nächstes auf dem Plan steht? „Wir wollen unser Team ausbauen und das Produkt weiterentwickeln“, sagt Lara Dörner. „Und wir haben viele Ideen – unsere virtuellen Charaktere sollen auch Gebärdensprache beherrschen und eine Übersetzung in Echtzeit leisten können.“ Kundinnen und Kunden gibt es sicher viele – nicht zuletzt über das große Netzwerk der Telekom.

Die Köpfe hinter TechBoost

Im Pool von TechBoost sind rund 900 Start-ups – eine ganze Menge. Was müssen Gründer mitbringen, um gefördert zu werden?

Es muss um eine Idee gehen, die für Geschäftskunden der Telekom interessant sein könnte. Wir fokussieren uns auf cloudbasierte Lösungen, doch ist dieser Ansatz nicht zwingend. Das Wichtigste ist der Innovationsgeist, der der Geschäftsidee innewohnt, und der Enthusiasmus, mit dem die Gründerinnen und Gründer ihre Idee präsentieren. Es ist die Kombination aus diesem Day-One-Spirit und einer innovativen Idee, die ein Start-up ausmacht. So haben wir beispielsweise mit Dermanostic eines, das eine großartige Idee umgesetzt hat – eine Hautarztbehandlung per App. Das ist sehr weit weg von unserem Kerngeschäft, aber dennoch so spannend, dass wir das Start-up auf jeden Fall fördern. Zudem gehört der Medizinbereich ebenso wie das Thema Nachhaltigkeit zu den „Beyond Core"-Suchfeldern außerhalb unseres Kerngeschäfts, die wir als zukunftsträchtig und somit als besonders wichtig erachten.

Wie sieht die Förderung – abgesehen vom großen Netzwerkvorteil – konkret aus?

Das zentrale Element ist tatsächlich mit TechBoost Connect die Matchmaking-Plattform, die die Start-ups mit den Geschäftskunden und Partnern der Telekom vernetzt und verschiedene Möglichkeiten zum Austausch bietet. Mithilfe eines Profils können die Gründer ihre Lösung präsentieren und damit verschiedenen Geschäftskunden anbieten sowie sich auf konkrete Challenges bewerben. Wichtig ist auch der Austausch der Start-ups untereinander. Das soziale Netzwerk von TechBoost hilft, eigene Perspektiven zu hinterfragen und neue Ansätze gemeinsam zu entwickeln. Darüber hinaus erhalten die Gründer bis zu 100.000 Euro Guthaben für die Open Telekom Cloud sowie Vertriebs- und Marketing-Support.

Wie definieren Sie Erfolg?

Erfolgreich sind wir, wenn wir es schaffen, die aktuell noch oft vorherrschende Assoziation unserer Geschäftskunden, dass die Telekom ein reiner Mobilfunk- und

„Matchmaking“: Ein Start-up für den Arbeiter-Samariter-Bund

Ein Beispiel für ein erfolgreiches Matching zwischen Kunde und Start-up ist das zwischen dem Arbeiter-Samariter-Bund (ASB) und DataGuard. Der ASB gliedert sich in den Bundesverband, 16 Landesverbände, 194 Regional-, Kreis- und Ortsverbände und 131 GmbHs – eine große, aber kleinteilige Organisation also. Matz Mattern ist Landesgeschäftsführer des ASB Hessen und leitet das Digitalisierungsprojekt des Unternehmens auf Bundesebene. Die Kolleginnen und Kollegen von TechBoost erfuhren von diesem Projekt und gemeinsam wurde ein Kernthema einer solch großen Organisation unter die Lupe genommen – der Datenschutz. „Ich muss sagen, dass wir beim Digitalisierungsprojekt Datenschutz nicht unbedingt ganz oben auf unserer Liste hatten, aber TechBoost ist da hartnäckig geblieben und hat zum einen die Bedeutung des Themas betont und DataGuard als potenziellen Partner ins Rennen gebracht. Und da die Zusammenarbeit mit den Akteuren von TechBoost gut und vertrauensvoll ist, haben wir den Rat angenommen.“

Die Kolleginnen und Kollegen von TechBoost wussten um die Stärke von DataGuard, komplizierte Prozesse zu vereinfachen. Schnell fanden DataGuard und der ASB zusammen und eine softwarebasierte Lösung des Start-ups unterstützt nun in Sachen Datenschutz. Leonhard Schwinn ist Teamlead Public Sales bei DataGuard und sagt: „Für uns hat TechBoost zwei ganz entscheidende Vorteile: Wir können zum einen die Open Telekom Cloud als Hosting-Lösung nutzen und zum anderen kommen wir mit Kunden ins Gespräch, die sonst nicht auf uns aufmerksam geworden wären.“

Leonhard Schwinn (links) und Matz Mattern im Gespräch

„Nur wenn auch wir ‚Großen' neugierig bleiben, lernen und ausprobieren, werden wir die Möglichkeiten von neuen Technologien für uns nutzen können und in einer innovativen und nachhaltigeren Zukunft leben."

Infrastrukturanbieter ist, zu ändern, und die Telekom stärker als Innovationstreiber und Digitalisierungspartner zu positionieren. Unser Ziel ist es, mit unseren Kunden über die relevanten Herausforderungen in ihrem eigenen Geschäftsmodell zu sprechen und dafür passende Start-up-Lösungen aus unserem Portfolio zu finden. Ein Erfolg ist auf der einen Seite die Beauftragung von Start-ups mit ihren Lösungen bei den Geschäftskunden und auf der anderen Seite, wenn diese dann bei der nächsten auftretenden Fragestellung ihrerseits auf uns zukommen, sodass wir uns zukünftig als Innovationsgeber bei ihnen manifestieren. Natürlich misst sich unser Erfolg auch an der Zahl der erfolgreichen und langfristigen Bindungen von Start-ups an unser Programm.

Was können denn „die Großen“ wie die Telekom von den Start-ups lernen?

Die Start-ups zeigen eine unbändige Leidenschaft für Technologie: Nur wenn auch wir „Großen“ neugierig bleiben, lernen und ausprobieren, werden wir die Möglichkeiten von neuen Technologien für uns nutzen können und in einer innovativen und nachhaltigeren Zukunft leben.

Per se fokussieren sich Start-ups auf ihre Kundinnen und Kunden beziehungsweise den Menschen. Sie fragen sich: Vor welcher Herausforderung stehen Menschen und wie kann Technologie ihr Leben verbessern? Es geht ihnen darum, menschenzentrierte Technologien zu entwickeln, die Kundenprobleme lösen und dabei weder Mensch noch Umwelt schaden – und dabei flexibel auf sich verändernde Bedürfnisse zu reagieren. Nicht zuletzt sollten auch „die Großen“ ab und an so mutig agieren, wie Start-ups es tun – Entscheidungen (schneller) treffen, auch mal ein kalkuliertes Risiko eingehen, statt dieses immer gänzlich zu vermeiden.

Matthias Schievelbusch

Nach dem Studium der Betriebswirtschaftslehre war der gebürtige Hamburger ab 2000 als Berater tätig und leitete SAP-Einführungen und IT-Outsourcing-Projekte in unterschiedlichen Branchen. 2011 wechselte er zur Telekom, wo er zunächst die Vertriebsleitung für Consumer Goods & Manufacturing Industries bei T-Systems übernahm und ab 2015 als Vice President die Region Nordrhein-Westfalen mit rund 1.000 B2B-Großkunden der Telekom Deutschland GmbH leitete. Seit fünf Jahren verantwortet er TechBoost, das Start-up-Programm der Telekom. Unter seiner Leitung ist ein Portfolio von über 900 Start-ups entstanden, das umfassende Lösungen für die Herausforderungen der Geschäftskunden der Telekom bietet. In seiner Freizeit fährt er gerne mit seinen beiden Söhnen Downhill oder Motocross und ist froh, dass sie ihn noch mitnehmen.

VON PFLANZEN, SCHLANGEN UND SCHMETTERLINGEN LERNEN

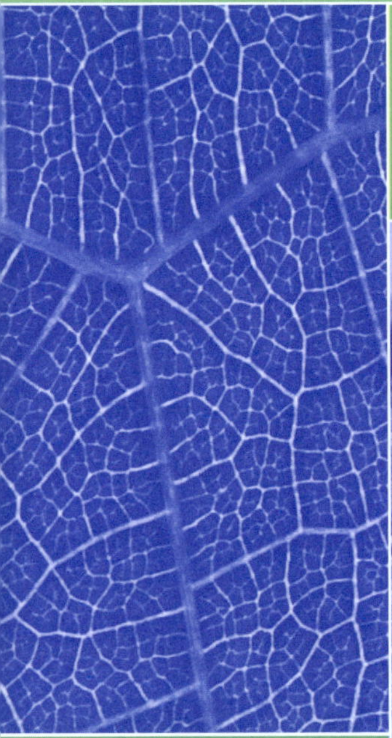

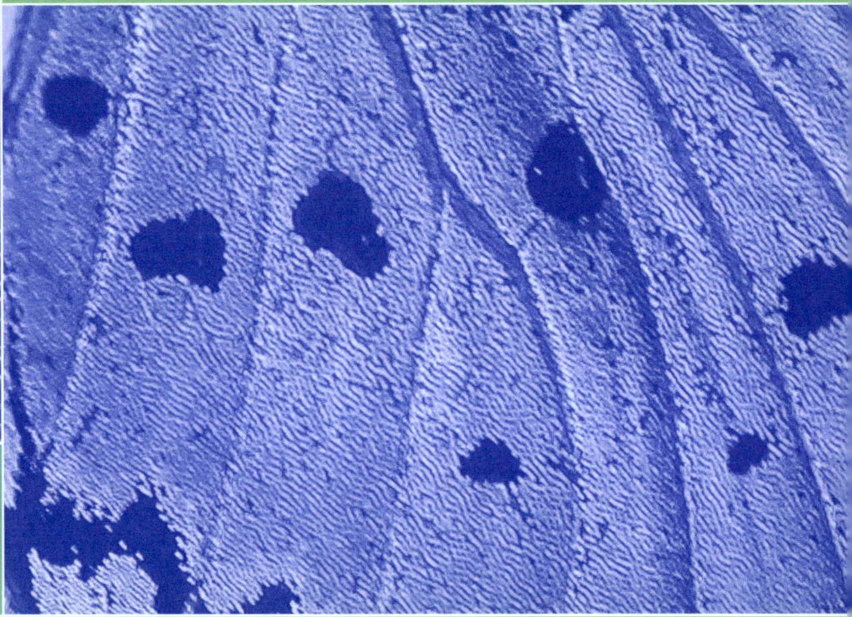

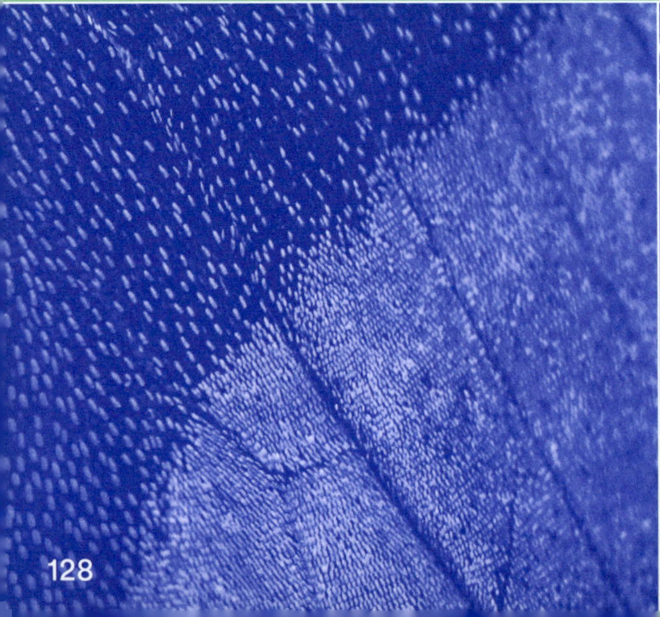

Schaut man sich die bisherige Karriere von Professor Frank Mücklich an, ist sie gespickt mit zahlreichen Day-One-Erlebnissen. Seinen großen Namen hat sich der Materialwissenschaftler nicht zuletzt durch seinen Pioniergeist und seine Beharrlichkeit gemacht: „Dem Fachwissen, der Interdisziplinarität und der eigenen Intuition zu vertrauen hat sich am Ende ausgezahlt." Ein Einblick in die faszinierende Welt seiner von der Natur inspirierten Oberflächenforschung.

Schon oft wurde mir die Frage gestellt: „Wie bist du denn darauf gekommen?" Ich merke dann, dass man als Wissenschaftler die Welt offenbar gelegentlich etwas anders betrachtet, noch dazu, wenn man sich zusätzlich für die Mikro-, Nano- und atomare Welt interessiert.

Es ist wohl die Evolution neuer Ideen aus der intuitiv geleiteten Verknüpfung des Bekannten, die das erfolgreiche wissenschaftliche Arbeiten ausmacht. Das können ganz neue Ideen sein oder aber das Übertragen und Verknüpfen aus zum Teil völlig anderen Bereichen. Die lebende Natur bietet uns von den Mikroorganismen bis zu Pflanzen und Tieren einen unglaublichen Facettenreichtum, genau das zu tun: kluge Lösungen erkennen und in eine andere Welt transferieren.

Wenn wir beispielsweise die Farben eines Schmetterlings verstehen wollen, so erkennen wir bei mikroskopischer Betrachtung, dass es gar nicht unbedingt die Farbstoffe sind, die den Schmetterling bunt wirken lassen. Unter dem Mikroskop zeigt sich, was die Farbe wirklich erzeugt: Es sind mikroskopisch feine periodische Strukturen, also sich wiederholende Muster auf der Oberfläche, die zur selektiven und schillernden Reflexion beispielsweise des blauen Lichtes führen. Der Schein trügt also im wahrsten Sinne des Wortes, und verschafft so dem „blauen" Schmetterling einen besonderen Vorteil – sei es als Tarnung oder bei der Partnerwahl.

Die Evolution hat in der Natur oft solche mikrotopografischen Strukturen zu vielfältigsten Funktionalitäten perfekt optimiert: Ein Pflanzenblatt kann damit die Benetzung mit Wasser steuern, eine Schlange ihre Vorwärtsbewegung, ein Insekt seine optische Tarnung.

Neu denken: die lebende Natur als Vorbild

Wie großartig wäre es, diese Erkenntnis auch für die Vielfalt technischer Oberflächen zu nutzen – wenn man nur wüsste wie!

Lange wurden diese wunderbaren Anwendungsfälle der Biologie als „Launen der Natur" ignoriert, technische Oberflächen werden bis heute nur über genormte Angaben zu ihrer Rauigkeit definiert. Damit verschenken wir aber einen vielfältigen Freiheitsgrad der Oberflächenfunktionalisierung, den die Biologie der Pflanzen und Tiere schon so lange zu nutzen versteht. Allerdings ist klar, dass das einfache technische „Schreiben" solcher mikroskopisch feinen Strukturen auf größeren Flächen extrem langwierig, daher viel zu teuer und also preislich überhaupt nicht konkurrenzfähig wäre. Aber auch die aus der Halbleiterbranche bekannten Lithografieverfahren wären zu aufwendig.

Auf und Ab: Es geht nicht immer geradeaus

Als mir dies klar wurde, erinnerte ich mich an meine Promotion, in der ich mich in völlig anderem Zusammenhang sehr ausführlich mit Röntgenstrahleffekten und deren physikalischem Phänomen der Interferenz, also der Überlagerung von Wellen, beschäftigt hatte. Wenn man Lichtstrahlen in ihrer Wellennatur betrachtet und mehrere solcher Lichtwellen (nach sehr strengen Regeln, die ich der Leserschaft hier nicht zumuten will) überlagert, entstehen durchaus großflächig mikroskopisch feine periodische, also sich wiederholende Muster auf der Oberfläche. Die Geometrie dieser Muster ist durch die Anzahl der Lichtstrahlen und deren Winkel zueinander beliebig steuerbar. Die Frage, die ich mir nun stellte, war: Wie kann man von diesen rein optischen Mustern zu echter mikroskopisch feiner Strukturierung gelangen? Die neuen Pulslaser erschienen interessant, da die Lichtintensität so extrem verdichtet wird, dass im wahrsten Sinne „blitzschnell“ durch Interferenz auf Oberflächen mikroskopische Strukturen erschaffen werden konnten.

Ich stellte einen Antrag, einen dieser neuen Nanosekunden-Laser zu erhalten, um dies experimentell zu untersuchen. Dieser Antrag wurde von einer neutralen Jury von Fachkollegen mit der Begründung abgelehnt, dass derart hohe Intensitäten bei Interferenz-Überlagerung die Optiken zerstören würden und mein Vorhaben deshalb nicht funktionieren könne. Das war ein herber Rückschlag, was das Umsetzen meiner, wie ich dachte, so innovativen Idee betraf.

Mit hundertprozentigem Einsatz und vollem Risiko

Doch ein Telegramm im Juni 1997 änderte alles. Absender war der berühmte Krupp-Konzernmanager Berthold Beitz, Kuratoriumsvorsitzender der Krupp-Stiftung in Essen. In diesem Telegramm teilte er mir mit, man habe mich als ersten Materialforscher ausgesucht für den Alfried Krupp-Förderpreis für Junge Hochschullehrer! Das Preisgeld betrug 850.000 D-Mark. Natürlich war diese Auszeichnung ein unschätzbares Ausrufezeichen für meine weiteren Karrieremöglichkeiten und hatte für mich auch mehrere Rufe an andere Universitäten zur Folge. Aber vor allem gab mir das Preisgeld die Möglichkeit, den so heiß ersehnten Nanosekunden-Laser und all die nötigen optischen Elemente – auf eigenes Risiko, dass die Idee gar nicht funktionieren würde – einfach selber kaufen zu können!

> „Teamarbeit lässt aus einem kleinen Ideenbäumchen einen massiven Stamm werden.“

Und tatsächlich – es funktionierte! Schnell hatte ich mit meinem Team und den verschiedenen Doktoranden in zahlreichen Experimenten gelernt, wie wir die verschiedensten mikroskopischen Muster erfolgreich und großflächig in Metalloberflächen schießen konnten. Damit entstand eine schier unendliche Innovationsplattform für zahlreiche Projekte und ein vollkommen neues Forschungsgebiet war geboren. Wir können maßgeschneiderte, mikroskopisch strukturierte Oberflächen mit völlig neuartigen Eigenschaften erzeugen, und zwar ganz ohne eine aufwendige chemische Oberflächenbehandlung.

Für mich persönlich habe ich mitgenommen, dass es wichtig und richtig ist, nicht nur den zahlreichen Publikationen von Fachexperten zu vertrauen, sondern auch der eigenen Intuition! Ich habe mich in mir unbekanntem Terrain mit meinem Team immer weiter vorgetastet, und das hat sich letztlich ausgezahlt.

Teamarbeit als Grundstein für Erfolg

Ich allein wäre nie zu diesem Erfolg gelangt, sondern nur im Team und mit dem richtigen Netzwerk war und ist das alles möglich: Ich kann rückblickend sagen, entscheidend ist, ein gutes Gespür für die richtigen Teammitglieder zu haben, für kluge und kreative, aber auch teamfähige Doktorandinnen und Doktoranden und Post-Docs.

Diese Teamarbeit lässt aus einem kleinen Ideenbäumchen einen massiven Stamm werden mit starken Ästen und sich immer weiter verzweigenden Themen, die möglichst miteinander in Kontakt bleiben sollten, um intelligent voneinander zu profitieren.

Ein Beispiel für eine solch fruchtbare Zusammenarbeit ist die mit dem herausragenden Doktoranden Andrés Lasagni aus Argentinien. Zusammen entwickelten wir die Strukturierungsmethode des Direct Laser Interference Patterning (DLIP, siehe Infokasten) und Andrés Lasagni entwickelte dafür in Dresden eine geniale Lösung, diese auch in industriellem Umfeld anzuwenden. Heute ist Prof. Dr. Andrés Lasagni ein vielfach ausgezeichneter Professor für Lasertechnik an der TU Dresden. Gemeinsam erhielten wir 2016 den Berthold Leibinger Innovationspreis für Lasertechnik des Trumpf-Konzerns – eine wunderbare Bestätigung für unsere Teamarbeit!

Der Sprung über den Tellerrand

Und nun kam ein weiterer Day-One-Moment hinzu, der unsere Forschung nochmal in ganz neue Sphären befördert hat: Nach einer Tagung in den USA, auf der ich zu unserer DLIP-Technik referiert hatte, wurde ich von der NASA kontaktiert. Man hatte auf der ISS pathogene Keime gefunden. Das sind Mikroorganismen wie Bakterien, Hefen oder Pilze mit

Das Herz von Prof. Mücklichs Forschung: DLIP

Die direkte Laserstrahlinterferenzstrukturierung, im Englischen Direct Laser Interference Patterning (DLIP), ist eine laserbasierte Technologie, die das physikalische Prinzip der Interferenz, also der Überlagerung von Wellen, von unterschiedlichen hochintensiven gepulsten Laserlichtstrahlen nutzt, um unterschiedlichste periodische Mikrostrukturen herzustellen. DLIP kann heute berührungslos und in Rekordgeschwindigkeit (m^2/min) praktisch auf jedem festen Material angewendet werden und verändert die Eigenschaften der Oberflächen in vielen Bereichen, beispielsweise hinsichtlich Reibung und Verschleiß, elektrischem Kontakt, Lichtabsorption und Benetzungsfähigkeit. Gerade letztere spielt auch im Zusammenhang mit hygienischen Eigenschaften eine große Rolle.

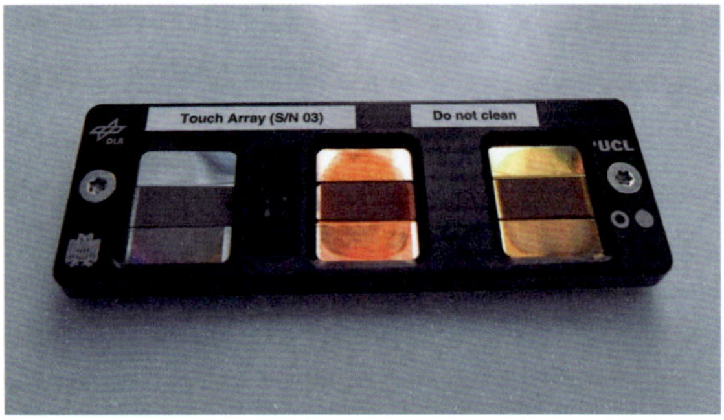

Am 28. August 2021 startete SpaceX zur internationalen Raumstation ISS – mit zahlreichen Proben an Bord. Das sogenannte Touch Array enthält je drei verschiedene Oberflächenstrukturen auf Edelstahl, Kupfer und Messing, deren Eigenschaften es unter Weltraumbedingungen zu testen galt. Der Astronaut Matthias Maurer (Foto) berührte fünf solcher Touch Arrays regelmäßig, um valide Ergebnisse im Vergleich zur Erde zu ermöglichen.

krankmachenden Eigenschaften. Mikroorganismen können für die Menschen an Bord der ISS, aber auch für die technischen Systeme gefährlich werden. Nun suchte man nach neuartigen Oberflächen, die ohne jede Chemie Bakterien fernhalten. Denn die chemischen Desinfektionsmöglichkeiten, die wir auf der Erde beispielsweise in Krankenhäusern kennen, sind unter den Bedingungen der Schwerelosigkeit und der für die Astronauten entscheidenden komplexen Absicherung der Atemluft nicht möglich. Unsere Oberflächen können genau das, sie bieten Bakterien sehr schlechte Haftungsbedingungen. Das heißt, für Bakterien sind sie wie ein Nadelkissen, auf dem sie sich nicht gerne niederlassen. Am 28. August 2021 startete in Cape Canaveral eine Falcon-9-Rakete zur ISS. An Bord der Raumkapsel waren zahlreiche unserer Proben – inzwischen haben wir mehr als 900 solcher Proben im Weltall getestet. So haben wir gemeinsam mit der NASA und inzwischen in noch viel größerem Umfang mit der ESA herausgefunden, dass unser Prinzip auch bei nicht vorhandener Gravitation auf der ISS sowie bei den im Vergleich zur Erde geringeren Gravitationskräften auf dem Mond und auf dem Mars funktioniert. Dies gelang durch eine speziell von der ESA entwickelte Zentrifuge, die durch verschiedene Drehzahlen die Fliehkräfte, die wir vom Kettenkarussell kennen, erzeugte. Diese Fliehkräfte simulieren erfolgreich die Gravitation auf dem Mond und dem Mars und zur wissenschaftlichen Überprüfung auch die auf der Erde, für die wir ja wissen, welche Resultate sich ergeben müssen.

Und noch ein Day One: Hatten wir bislang vor allem die Forschung im Blick, brachte mein außerordentlich innovativer Doktorand Dominik Britz eine ganz neue Facette in unsere Überlegungen mit ein: Wir dachten erstmals auch unternehmerisch! Im Jahr 2020 gründeten wir gemeinsam mit Blick auf die inzwischen so vielfältigen Anwendungsfelder unserer Oberflächen und deren Weiterentwicklung unter dem Credo „nature knows best“ die SurFunction GmbH. Wir bieten unseren Kunden jeweils für sie maßgeschneiderte Oberflächenstrukturen inspiriert durch die Natur, um Produkte ohne den Einsatz von Chemie für verschiedenste Anwendungsfelder perfekt zu gestalten. So leisten wir durch Bioinspiration einen aktiven Beitrag zum ökologischen Wandel.

Zukunftsgerichtet: die gesellschaftliche Relevanz im Blick

Zum Thema Nachhaltigkeit vielleicht noch ein zusätzlicher Gedanke: In jüngster Zeit wurde ich als Sprecher der Deutschen Akademie der Technikwissenschaften Acatech mit dem wirtschaftlichen wie auch geopolitischen Jahrhundertthema „Circular Economy", also Kreislaufwirtschaft, konfrontiert. Als Gesellschaft müssen wir es schaffen, gezielt kreislauffähige Werkstoffsysteme für alle Branchen – von Mobilität bis hin zur Energie und von der Kommunikation bis hin zur Medizin – zu entwickeln. Damit sparen wir nicht nur weltweit Ressourcen und tragen zur Nachhaltigkeit bei, sondern sichern durch systematisches Recycling und effiziente Wiederverwendung der Werkstoffe auch unsere Resilienz und geopolitische Unabhängigkeit. Dabei muss wiederum gesichert sein, dass nicht, wie bisher allzu oft, das Credo „die richtige Eigenschaft an die richtige Stelle durch die richtige Beschichtung" all diese Beschichtungen das spätere Recycling behindern. Und hier schließt sich wortwörtlich der Kreis: Unsere bioinspirierten DLIP-Funktionsoberflächen sind perfekt recycelbar – denn sie funktionieren eben ohne Chemie!

Prof. Frank Mücklich

Der Materialforscher Professor Frank Mücklich leitet an der Universität des Saarlandes den Lehrstuhl für Funktionswerkstoffe und die Europäische Schule für Materialforschung (EUSMAT). Er ist Gründungsdirektor des Material Engineering Center Saarland (MECS) sowie Sprecher der Deutschen Akademie der Technikwissenschaften Acatech für die Materialforschung. Für seine Forschungen wurde er vielfach national und auch international ausgezeichnet. Zuletzt erhielt er 2023 von der Deutschen Gesellschaft für Materialkunde mit der Heyn-Denkmünze die höchste Auszeichnung für sein Lebenswerk. Der gebürtige Dresdner ist Mitbegründer von SurFunction, einem Unternehmen, das neuartige Oberflächen auf Basis der DLIP-Technologie anbietet. Besondere Aufmerksamkeit erlangten Projekte unter Weltraumbedingungen in Kooperation mit NASA und ESA. ESA-Astronaut Matthias Maurer, selbst zufällig sogar erster Diplomand von Prof. Frank Mücklich, hat diese Projekte mit anderen Astronauten sehr erfolgreich betreut.

„Wir hinterfragen unsere Services – Tag für Tag!“

Das Grand Hotel Vier Jahreszeiten bietet seinen Gästen seit 1897 Luxus zwischen Tradition und Moderne. Der Anspruch ist klar: Bester sein und Bester bleiben – für Gäste und Mitarbeitende. Managing Director Ingo C. Peters spricht über die Einstellung, die es braucht, um in einer umkämpften Branche langfristig führend zu sein.

Ingo C. Peters

Am 2. August 1981 tritt der in Hamburg geborene Ingo C. Peters seine Ausbildung als Restaurantfachmann im Hotel Vier Jahreszeiten an. Der Gedanke, das Haus eines Tages als Hoteldirektor zu führen, war damals ein weit entfernter Traum. Nach der Ausbildung zieht es ihn in die Vereinigten Staaten, wo er an der renommierten Cornell University in Ithaca New York, Hospitality Management studiert. Nach weiteren Stationen in Asien und Amerika kommt er zurück in die Heimat, wo er am 1. Oktober 1997 neuer Direktor des Hotel Vier Jahreszeiten wird.

Langsam bricht der Himmel auf und erste Sonnenstrahlen fallen in die Halle des Hotel Vier Jahreszeiten an der Binnenalster in Hamburg. Die Floristin hat für diese Woche weiße Hortensien und weiße Rosen ausgewählt, die dem in Cremetönen gehaltenen Raum ein zusätzliches Strahlen verleihen. Die Spiegelwand zeigt eine perlenverzierte Oberfläche. Der Clou: Die Wand dreht sich dreimal täglich. Eine grafische Tapete am Vormittag, Perlen, in denen sich die Alster spiegelt, gegen Mittag und am Abend Facettenspiegel, in denen die Gäste vor dem Besuch des Restaurants sich und ihr Outfit betrachten können.

Herr Peters, nicht nur die Spiegelwand ist eine Investition, die Sie während der Pandemie getätigt haben. Sie haben den Lockdown genutzt und Ihr Hotel herausgeputzt, während viele andere Ihrer Branche vor allem ängstlich abwarteten ...

Wir haben gleich zu Beginn des Beherbergungsverbots beschlossen, uns auf das zu fokussieren, was uns helfen würde, gut aus dieser Krise hervorzugehen. Wir haben unsere Halle komplett umgebaut, die Spiegelwand eingesetzt, den Weinkeller und die Präsidentensuite erneuert, unsere Fassade zum Innenhof hin restauriert, haben gestrichen, ausgemistet und alles auf Hochglanz gebracht. Natürlich hatten wir Konzepte und Ideen dazu in der Schublade, aber in einem Haus wie unserem sind das alles Sachen, die nicht im laufenden Betrieb umgesetzt werden können. Am Tag der Wiedereröffnung waren wir rundum bereit, auch personell. Denn wir hatten das Kurzarbeitergeld auf

100 Prozent aufgestockt und während der Pandemie den Kontakt zu unseren Mitarbeitenden aufrechterhalten.

So viele Neuerungen! Wie haben Sie es im Laufe Ihrer Karriere gelernt, den Blick dafür zu schärfen, was in diesem Traditionshaus verändert werden sollte und was so bleiben muss, weil Ihre Gäste wegen genau dieser Verlässlichkeit zu Ihnen kommen?

Wir müssen jeden Tag aufs Neue unsere Serviceleistung auf den Prüfstand stellen und uns fragen: Ist das, was wir tun, noch zeitgemäß? Dann findet sich die Balance von allein. Kurt Wachtveitl, langjähriger Direktor des Mandarin Oriental in Bangkok, war und ist diesbezüglich mein Vorbild. Als ich ihn vor mehr als 25 Jahren kennenlernte, fand ich seine Haltung anstrengend und dachte: Mensch, kann er nicht einfach mal Ruhe geben? Es ist doch alles perfekt, wie es ist. Aber er hat mir beigebracht, zu sehen, dass das, was heute perfekt ist, morgen schon wieder out sein kann. Er hat mich gelehrt, immer und überall die Augen offen zu halten und das eigene Tun zu hinterfragen. Der erste Tag, an dem wir im Hotel Vier Jahreszeiten sagen, alles ist perfekt, wie es ist, ist ein Rückschritt. Denn die Konkurrenz schläft nicht.

„Mein Credo: Du musst flexibel bleiben, um die gesteckten Ziele zu erreichen.“

Welchen Trend haben Sie zuletzt ins Hotel Vier Jahreszeiten übertragen?

In unserem GRILL haben wir im September 2023 ein Seafood-Display installiert, das es in dieser Form deutschlandweit bislang nirgendwo gibt. Das Royal Atlantis in Dubai hat mich dazu inspiriert. Eine Beleuchtung von unten in Kombination mit kühlendem Wasserdampf sorgt für einen Wow-Effekt. Das ist sensationell und hat mich total begeistert! Zunächst hieß es, das könne man hier nicht umsetzen. Doch ich sage immer, finde nicht tausend Gründe dagegen, sondern schaue auf den einen entscheidenden, der dafürspricht. Wir hatten schon lange einen Umbau des GRILL geplant, haben das Konzept aber durch diese Inspiration nochmal neu gedacht. Mein Credo: Du musst flexibel bleiben, um die gesteckten Ziele zu erreichen.

Der GRILL ist seit 1926 eines der inzwischen sieben Restaurants im Hotel Vier Jahreszeiten. Immer wieder wurden neue Trends aufgenommen, aber ein Element bleibt, da es fest zur Geschichte des Hauses gehört: die Holzvertäfelung mit kaukasischem Nussbaumholz.

Ein anderes Thema: Inzwischen hat jedes angesagte Restaurant einen DJ. Natürlich heißt das nicht gleich, dass wir das auch brauchen. Aber es heißt, dass wir überlegen müssen, ob und wie wir das für uns umsetzen wollen – abgesehen von dem DJ, der am Wochenende in unserem Restaurant NIKKEI NINE auflegt. Bei dieser neuen Idee im GRILL geht es nicht um laute Partymusik, sondern darum, dass jemand die Musik entsprechend der anwesenden Gäste steuert und die Stimmung untermalt. Dies werden wir nun in unserem GRILL testen. Wobei etwas zu testen bei mir heißt, dass es vom ersten

„Der erste Tag, an dem wir im Hotel Vier Jahreszeiten sagen, alles ist perfekt, wie es ist, ist ein Rückschritt. Denn die Konkurrenz schläft nicht.“

Tag an hochprofessionell sein muss: Boxen und Kabel dürfen nicht stören, der Platz muss perfekt ausgewählt sein. Es sind die Bedürfnisse der Gäste, die weltweit das DJ-Thema zum Trend machen. Und wenn dem so ist, müssen wir schauen, ob auch unsere Gäste dieses Angebot schätzen.

Was wäre denn der Umkehrschluss? Wenn Sie diese Day-One-Haltung nicht leben würden, würden Ihre Stammgäste nicht dennoch weiterhin kommen?

Nein, wir würden sehr schnell verstauben und nicht mehr oben mitspielen. Die Gäste, die zu uns kommen, sind in der ganzen Welt unterwegs und wollen überall ein Erlebnis geboten bekommen. Als ich vor mehr als 25 Jahren in dieses Hotel, in dem ich wiederum rund 15 Jahre zuvor meine Ausbildung absolviert hatte, zurückkehrte, stellte ich mit Erschrecken fest, dass sich vieles einfach nicht weiterentwickelt hatte. Auf der Speisekarte standen immer noch dieselben Gerichte, von den Büsumer Krabben bis hin zur Scholle Finkenwerder Art. Teppiche, die an meinem ersten Ausbildungstag verlegt wurden, lagen immer noch. Es hat fast 20 Jahre lang gedauert, bis das Haus wieder da war, wo ich es haben wollte. Jetzt sind wir top. Damit das so bleibt, dürfen wir keinen Tag stillstehen.

Ingo C. Peters hat das Grand Hotel wieder ganz an die Spitze geführt und es dort gehalten. In mehr als 25 Jahren hat er zahlreiche Änderungen umgesetzt: So eröffnete ein Jahr nach seiner Rückkehr das „Doc Cheng's", ein für Hamburg neuartiges asiatisches Restaurant, in den Folgejahren dann der Spa-Bereich und die Jahreszeiten-Terrasse. Nach einem Eigentümerwechsel wurde das gesamte Hotel grundsaniert und 2016 wurde aus dem „Doc Cheng's" das „NIKKEI NINE", das japanisch-peruanische Küche bietet. Zuletzt wurde das Hotel Vier Jahreszeiten vom Institute for Service Excellence in der Rangliste der „101 Besten" zum vierten Mal in Folge zum besten Hotel Deutschlands gekürt. Eine Flügeltür führt von der Halle in das Restaurant „Haerlin", das gastronomische Aushängeschild des Hotel Vier Jahreszeiten. Benannt nach dem Gründervater des Grand Hotels, trägt das „Haerlin" zwei Michelin-Sterne.

Sie überraschen Ihre Gäste immer wieder. Wie überzeugen Sie auch Ihre Mitarbeitenden? Die Branche kämpft ja seit geraumer Zeit um gutes Personal.

Ich kann das Problem der Branche nicht lösen, aber für mein Haus kann ich es. Und so, wie wir unsere Gäste überzeugen, überzeugen wir auch unsere Mitarbeitenden, die dann wiederum ihr Bestes geben, weil sie sich mit diesem Haus – ihrem Haus – identifizieren. Mitarbeitende, die merken, dass sie in einem Betrieb arbeiten, wo die Zeit stehen bleibt, ziehen weiter. Wenn sie jedoch merken, dass sie Teil einer spannenden Reise sind, bei der immer neue Konzepte ausprobiert werden, an denen sie auch mitwirken können, wollen sie bleiben.

Sie haben ein großes Employer-Branding-Programm gestartet – was steckt dahinter?

Wir haben schon vor einigen Jahren bemerkt, dass es schwer werden würde, in unserer Branche zukünftig gute Mitarbeitende zu bekommen. Wir haben daraus geschlossen, dass wir uns auch als Arbeitgeber nochmal neu hinterfragen müssen. Und dies bedeutet, die Mitarbeitenden zu fragen, was uns als Arbeitgeber denn noch attraktiver machen würde, abgesehen vom Gehalt und den Arbeitszeiten, die durch die Rahmenbedingungen in unserer Branche gegeben sind. Wir haben sehr viel Input erhalten und zahlreiche Aspekte umsetzen können. Angefangen von kleinen Sachen wie einem Fernseher im Mitarbeiterrestaurant bis hin zu einer vorausschauenden Dienstplangestaltung. Die Bedürfnisse der Mitarbeitenden haben sich in 25 Jahren stark gewandelt.

Employer Branding mal anders: Im Frühjahr 2023 haben Mitarbeitende vor der Kamera erzählt, was ihre Arbeit im Hotel Vier Jahreszeiten ausmacht – authentisch, kurzweilig, nahbar. Auf LinkedIn findet man die Videos unter dem Hashtag #hvjfamily. Das Konzept hat sehr gut funktioniert und war gleichzeitig eine so große Wertschätzung für die Mitarbeitenden, dass es eine zweite Runde geben wird.

Motivierte Mitarbeitende, die sich mit dem Haus identifizieren, sind sicher die Basis Ihres Erfolgs. Wie stellen Sie die fachliche Kompetenz Ihres Personals sicher?

Natürlich bieten wir unseren Mitarbeitenden zahlreiche Weiterbildungsmöglichkeiten, E-Learnings und Trainings. Für mich ist aber nicht entscheidend, welche Zertifikate und theoretischen Kompetenzen jemand mitbringt, sondern mit welcher Begeisterung sich jemand einem Job hingibt. Selbstverständlich organisiere ich dann Cross-Trainings in anderen Häusern, um die fachliche Kompetenz zu gewährleisten. Zur Weiterentwicklung gehört für mich aber auch, meinen Mitarbeitenden den Weg zu ebnen, wenn es sie aus unserem Haus hinaus in die weite Welt zieht. Wir überlegen dann gemeinsam, wo es hingehen könnte. Beispielsweise haben wir einen Küchenchef, der sich hier nicht mehr weiterentwickeln kann. Er geht nach Kitzbühel in ein Haus, das neu eröffnet, dabei haben wir ihn unterstützt.

Junge Kolleginnen und Kollegen treffen auf alte Hasen. Dürfen die Neuen lang gelebte Prozesse hinterfragen?

Das müssen sie! Wer in diesem Haus arbeitet und ausschließlich Dienst nach Vorschrift macht, ist hier falsch. Wir brauchen Mitarbeitende, die mit frischer Perspektive auf die Dinge schauen und auch mal kritisch fragen: „Warum macht ihr das so?“ Und mir ist lieber, wir probieren Dinge aus, die dann auch mal nicht funktionieren, als alles beim Alten zu belassen. Natürlich ist es umgekehrt auch wichtig, dass die Jungen die Erfahrung der langjährigen Kolleginnen und Kollegen schätzen und Ratschläge annehmen. Jeder bringt unterschiedliche Kompetenzen mit an den Tisch, das macht unsere 300 Menschen starke Hotelfamilie aus.

„Mir ist lieber, wir probieren Dinge aus, die dann auch mal nicht funktionieren, als alles beim Alten zu belassen."

„Cybersecurity steht für Innovation“

Durch Cyberangriffe entsteht der deutschen Wirtschaft laut Bitkom jährlich ein Schaden in Höhe von mehr als 200 Milliarden Euro. Haya Schulmann ist Professorin für Cybersicherheit an der Goethe-Universität Frankfurt und Mitglied im Direktorium von Athene, dem Nationalen Forschungszentrum für angewandte Cybersicherheit. Sie lässt sich jeden Tag aufs Neue auf die Gedankenwelt von Hackern ein – um so Cyberangriffe in Zukunft noch wirksamer abwehren zu können.

Frau Schulmann, wie kommt es, dass Sie sich für IT-Sicherheit interessieren?

Ich bin in Israel aufgewachsen. Dort muss jeder zum Wehrdienst, auch junge Frauen. Meinen ersten Berührungspunkt mit Cybersecurity hatte ich daher schon während meiner Zeit bei der Armee, und seitdem hat mich das Thema nicht mehr losgelassen: Ich habe in Israel Informatik studiert und war eine der Ersten, die dort auch in Cybersecurity promoviert haben.

Was ist besonders spannend und innovativ an Ihrer Branche?

Für mich als Wissenschaftlerin ist die Antwort einfach: Cybersecurity ist technisch herausfordernd und gesellschaftlich wichtig. Digitalisierung ist essenziell, damit sich moderne Gesellschaften weiterentwickeln können, und ohne Cybersecurity lässt sich die Digitalisierung nicht vorantreiben. Cybersecurity steht somit per se für Innovation. Das spiegelt sich auch in meiner Arbeit wider. Ich muss regelmäßig neue Dinge lernen und verstehen, ich muss verschiedene Technologien wie Maschinelles Lernen, Datenanalyse und Testen von Software miteinander verknüpfen. Hinzu kommt, dass in der Cybersecurity-Forschung auch andere Disziplinen gefragt sind – etwa Psychologie, Soziologie, Politik und Recht. Das macht das Ganze so unglaublich spannend.

Ein wichtiger Bestandteil der Day-One-Haltung ist, sich und sein Handeln konsequent zu hinterfragen. Wie leben Sie diesen Aspekt in Ihrem Arbeitsalltag?

Jeder Arbeitstag bedeutet für mich, mit neuen IT-Problemen und Schwachstellen, neuen Technologien und Entwicklungen umzugehen. Jeder Fortschritt, jede Änderung in der IT führt auch zu neuen Angriffsmöglichkeiten. Was sind die nächsten Schritte der Hacker und welche Ziele haben sie im Visier? Welche Tools kann ich verwenden, um Cyberangriffe besser zu analysieren und zu verhindern? Wie kann ich mit meiner Forschung dazu beitragen, das Internet insgesamt sicherer zu machen? In meinem Fachbereich darf man sich mit Stillstand niemals zufriedengeben.

In der Tat nimmt die Zahl der Cyberangriffe immer weiter zu, der Schaden für die deutsche Wirtschaft ist immens. Weshalb haben Cyberangriffe Hochkonjunktur?

Cyberangriffe sind höchst lukrativ und können von überall auf der Welt durchgeführt werden. Gleichzeitig bietet sich durch die zunehmende Digitalisierung eine viel größere Angriffsfläche als noch vor einigen Jahren. Entsprechend vielfältig sind die kriminellen Gruppierungen, die sich auf Cyberangriffe spezialisiert haben. Ransomware-Angriffe haben sich längst als lukratives Geschäftsmodell etabliert. Im einfachsten Fall werden dabei von den Kriminellen Daten auf einem IT-System des Opfers verschlüsselt und die Entschlüsselung wird erst gegen Zahlung eines Lösegelds in Aussicht gestellt. Die Gefahr von Sabotage besteht wiederum vor allem für kritische Infrastrukturen, zum Beispiel in der Energieversorgung und Logistik. Dort geht es den Angreifern vorrangig darum, großen Schaden anzurichten. Bei anderen, oft regierungsnahen, Akteuren dienen Cyberangriffe der Spionage – also dem Ausspähen von Daten – oder der Einflussnahme durch Desinformation. Es gibt aber auch in der Öffentlichkeit weniger bekannte Angriffe, wie etwa die Manipulation der Ranking-Algorithmen von Suchmaschinen, um die Webseiten von Hackern höher in den Suchergebnissen zu platzieren. Das klingt erstmal harmlos, aber dadurch können Kriminelle ihre gefälschten Inhalte, wie etwa Webseiten zum Verteilen von Schadsoftware, leichter verbreiten.

Wie kann es gelingen, den Hackern im Cyberspace einen Schritt voraus zu sein?

Man muss versuchen, sich immer wieder aufs Neue auf die Gedankenwelt eines Hackers einzulassen. Aber keine Frage: Es ist und bleibt ein Katz-und-Maus-Spiel. Auf der einen Seite gibt es in der Cybersecurity vielversprechende Ansätze und Strategien, etwa Zero-Trust-Architekturen, die dem Grundprinzip folgen: „Vertraue niemandem grundlos, verifiziere jeden." So lässt sich das Sicherheitsniveau einer Organisation oder eines Landes deutlich anheben. Auf der anderen Seite stehen die Cyberkriminellen. Sie sind kreativ und innovativ, sie verfügen über Ressourcen. Wir sind immer wieder erstaunt, wie schnell sie neue Sicherheitslücken, neue Angriffsmöglichkeiten in ihre Werkzeuge integrieren. Entscheidend ist deshalb, Sicherheitslücken, die gefunden werden, schnellstmöglich zu schließen und nach Kompromittierungen zu suchen, etwa im Darknet. Hier gibt es virtuelle Marktplätze, Foren und Chats, die Cyberkriminelle für ihre

„Man muss versuchen, sich immer wieder aufs Neue auf die Gedankenwelt eines Hackers einzulassen. Aber keine Frage: Es ist und bleibt ein Katz-und-Maus-Spiel.“

Machenschaften nutzen. Im Darknet werden nicht nur erbeutete Daten angeboten, Hacker nutzen den digitalen Schwarzmarkt auch, um nach ihren Attacken die erfolgreich eingesetzten Werkzeuge zu verkaufen oder zu vermieten. So werden Angriffe selbst für ungeübte Hacker möglich. Mein Team und ich monitoren daher das Darknet sehr engmaschig, denn je mehr wir wissen, desto passgenauere Gegenmaßnahmen können wir entwickeln. Je schwerer eine Organisation angreifbar ist, desto weniger attraktiv ist sie als Ziel für die Hacker.

Der Wettlauf gegen Cyberkriminelle ist nicht immer erfolgreich. Jede Innovation, jede neue Technologie bietet Hackern neue Angriffspunkte. Was motiviert Sie, weiterzumachen?

Zuallererst ist Cybersecurity eines der für die Gesellschaft relevantesten Forschungsthemen in der Informatik. Der technische Fortschritt ist groß und es gibt Erfolge bei der strafrechtlichen Verfolgung von Cyberkriminellen: Gruppen werden zerschlagen, einzelne Mitglieder verurteilt. Auch das motiviert mich weiterzumachen. Und ich möchte über die Bedeutung von Cybersecurity für unsere Wirtschaft, für unsere Innovationskraft, für die Stabilität unserer Gesellschaft aufklären und so ein verändertes Bewusstsein in den Unternehmen und in der Politik schaffen.

Wie real ist die Gefahr eines Cyberangriffs für große Unternehmen, aber auch für kleine und mittelständische Firmen?

Wir alle sind der Gefahr von Cyberangriffen ausgesetzt – gerade weil es Gruppierungen ganz unterschiedlicher Größenordnungen und mit unterschiedlichen Zielsetzungen gibt. Für einen einzelnen Hacker kann es zum Beispiel ausreichen, ein örtliches Unternehmen anzugreifen und 1.000 Euro Lösegeld zu erpressen. Viele kleinere Angriffe ergeben in der Summe auch einen beträchtlichen Gewinn. Es kann sich also leider kein Unternehmen, egal welcher Größe, in Sicherheit wiegen.

Wie lässt sich vor diesem Hintergrund eine Sicherheitsarchitektur immer up to date halten?

Das ist in der Tat eine große Herausforderung. In unseren Analysen sehen wir, dass es in allen großen Organisationen unzählige bekannte Schwachstellen gibt. Und dann fragt man sich schon, weshalb die Unternehmen oder Behörden diese Lücken nicht schließen. Dafür gibt es verschiedene Gründe, zum Beispiel zu wenig Personal, fehlender Überblick über die verwendeten Dienste und Server und ein zeitverzögertes Patch-Management. Ein Patch stopft eine Sicherheitslücke und behebt Programmfehler. Sind Unternehmen oder Behörden an dieser Stelle zu langsam, können Cyberkriminelle dieses Einfallstor nutzen. Es ist also unumgänglich, als Organisation ständig in die eigene IT-Sicherheit zu investieren. Das Problem liegt allerdings auch bei den Herstellern selbst – sie brauchen häufig zu lange, um wirkungsvolle Patches bereitzustellen.

Welche Kommunikationsempfehlungen geben Sie Unternehmen, die von einem Cyberangriff betroffen sind?

Die erste und dringendste Empfehlung ist, schnellstmöglich die Polizei zu involvieren, um die nächsten Schritte abzustimmen. Außerdem ist es ratsam, einen Cyberangriff nicht zu vertuschen, sondern möglichst offen zu kommunizieren, gerade wenn es um Daten von Kunden oder Mitarbeitenden geht. Sonst könnte ein Imageschaden die Folge sein.

Bedrohungen aus dem Netz kennen keine Ländergrenzen. Wie schätzen Sie die Rolle Deutschlands derzeit ein?

Ich bin davon überzeugt, dass die meisten Unternehmen hierzulande die Risiken von Cyberangriffen inzwischen verstanden haben – gerade weil Deutschland ein sehr lukratives Ziel ist. Um die digitale Sicherheit in Deutschland insgesamt zu verbessern, braucht es aus meiner Sicht ein klares Bekenntnis der Politik. Wir benötigen eine ambitioniertere Cybersicherheitsstrategie und viel umfangreichere Investitionen. Auch die Einbindung von Wissenschaft und Forschung kann noch besser werden.

„In Zukunft werden wir dank automatisierter Mechanismen und Technologien die Möglichkeit haben, uns auf die wirklich komplexen Angriffe zu konzentrieren.“

Wie wird Künstliche Intelligenz die Cybersecurity-Branche in den nächsten Jahren verändern?

Künstliche Intelligenz hilft uns schon heute enorm: Spamfilter, Antivirensoftware und Intrusion-Detection-Systeme – also Angriffserkennungssysteme – verwenden seit Langem KI. Wir können typische Cyberattacken nicht nur modellieren und somit besser vorhersehen, sondern auch laufende Angriffe quasi live aufdecken. In Zukunft werden wir dank automatisierter Mechanismen und Technologien die Möglichkeit haben, uns auf die wirklich komplexen Angriffe zu konzentrieren und einfache Attacken schneller abzuwehren. Das wird nötig sein, denn auch die Cyberkriminellen profitieren von den neuen Möglichkeiten: Da die Angriffe dank Künstlicher Intelligenz immer automatisierter ablaufen, rechne ich mit einem Anstieg der Fälle. Der Bedarf an Cybersecurity-Fachleuten wird also weiter anwachsen.

Prof. Haya Schulmann

Sie ist bundesweit einer der führenden Köpfe für Cybersecurity: Haya Schulmann ist Professorin im Fachbereich Informatik und Mathematik an der Johann Wolfgang Goethe-Universität in Frankfurt am Main und zugleich Mitglied im Direktorium von Athene, dem Nationalen Forschungszentrum für angewandte Cybersicherheit mit Sitz in Darmstadt und Frankfurt. Um zu verdeutlichen, wie sie den Cyberkriminellen einen Schritt voraus bleibt, vergleicht sie ihre Tätigkeit mit einem ihrer Hobbys – dem Schachspielen: „Ich überlege mir, welche Strategie der Gegner verfolgt und welcher Spielzug als nächstes kommen könnte. Cybersecurity ist wie Schachspielen, nur dass sich die Regeln dauernd ändern.“ Die aus Israel stammende Expertin lebt mit ihrem Ehemann und ihren drei Söhnen in Südhessen.

GESCHÄFTSMODELLE

FÜR EINE BESSERE WELT

Jeden Tag werden in Deutschland durchschnittlich fünf neue Start-ups gegründet. Im Jahr 2022 waren es somit laut „Deutschem Startup Monitor“ insgesamt fast 2.000. Knapp die Hälfte davon rechnet sich der Green Economy zu. Ihr Ziel: positive Veränderungen herbeiführen und umweltfreundliche Innovationen vorantreiben. Dieser Gedanke ist nicht ganz neu, gewinnt aber ständig an Relevanz. Wir stellen fünf Start-ups vor, die diesen Ansatz – Unternehmen zum Erfolg zu führen und gleichzeitig etwas fürs Klima zu tun – nicht erst seit heute verfolgen. Lesen Sie, was die Gründer antreibt, was ihre zukunftsweisende Geschäftsidee ist, welche Überzeugung dahintersteckt und wie erfolgreich sie bereits sind.

SPIRULIX ↘

Algen made in Austria. Eine Algenfarm in Österreich ist schon etwas ungewöhnlich, doch der Bauer Karl Pfiel wollte neue Wege gehen, ohne seine alte Heimat zu verlassen. „Mein Ziel war es, auf dem Bauernhof meiner Eltern etwas zu erschaffen, das man auch in die nächste Generation transportieren kann", erklärt Pfiel. Nach seiner Ausbildung und während seines Studiums der Agrarwissenschaften beschäftigte er sich mit erneuerbaren Energien und kam über Umwege auf die Idee, Algen zu produzieren. Denn Algen bieten ein breites Spektrum an Möglichkeiten. Sie finden Einsatz in der Treibstoffindustrie und im Pharmabereich. Gleichzeitig ist die Mikroalge Spirulina das nährstoffdichteste Gemüse, das es gibt. „Ich wollte daraus einen Business-Case machen und ihn mit der Forschung verbinden", sagt der Algenfarmer. So gibt es seit 2015 auf dem Hof in Niederösterreich auch ein Forschungsglashaus. 2017 kam die Produktionsstätte dazu, wo die Algen zu Lebensmitteln, darunter Schokolade, Müsli und Chips, weiterverarbeitet werden. „Unsere Spirulix-Artikel sind in unserem Onlineshop und direkt auf der Farm im Spirulix-Shop in Reidling bei Tulln in Niederösterreich erhältlich. Zudem arbeiten wir mit ausgewählten Partnern zusammen, die unsere Produkte anbieten", so Pfiel, der das Unternehmen zusammen mit seiner Frau Martina führt. Die Zahl der Menschen, die sich gesund ernähren wollen, steigt. Seit dem Start konnte die Produktion verdreifacht werden. „Wir machen gesunde Produkte für einen gesunden Planeten", erklärt Pfiel seine Motivation.

Keine Frage, sein Metier ist sinnstiftend, aber immer noch ein Stück davon entfernt, profitabel zu sein. Gleichzeitig fordert Spirulix ein extrem hohes Zeitinvest von Pfiel, dessen Lieblingsprodukt übrigens das Müsli „Rote Beeren" ist. Die Farbe: grasgrün statt sattrot. Das Beispiel zeigt vielleicht am besten, warum für das Superfood noch viel Aufklärungsarbeit zu leisten ist, um die Verbraucherinnen und Verbraucher auf den Geschmack zu bringen.

VILISTO ↘

Selbstlernende Heizungssteuerung. Das Start-up Vilisto hat sich zum Ziel gesetzt, den Heizenergieverbrauch in Gebäuden effizienter zu gestalten. Dem Unternehmen zufolge verursacht alleine der Gebäudesektor in Deutschland rund 30 Prozent der Emissionen in Deutschland. Die Wärmeversorgung ist hierbei einer der entscheidenden Hebel, um diese Bilanz zu verbessern. Seit 2016 entwickelt das Unternehmen rund um Gründer und CEO Christoph Berger in Hamburg intelligente Thermostate, mit denen sich viel Heizenergie einsparen lässt.

Das digitale Wärmemanagement mit intelligenten Heizkörperthermostaten steigert die Energieeffizienz zum Beispiel in Büro- und Verwaltungsgebäuden sowie Schulen und Kindergärten. Denn dort sind Räume bis zu 80 Prozent der Zeit ungenutzt, werden aber meist nonstop beheizt. Um nur noch nach tatsächlichem Bedarf zu heizen, erkennen drei im Thermostat integrierte Sensoren für Bewegung, Licht und Schall, ob ein Raum genutzt wird. Diese Daten werden dann zusammen mit den Prognosen des aktuellen Wetterberichts fortlaufend von selbstlernenden Algorithmen verarbeitet. Bei Anwesenheit heizt das System von Vilisto den Raum eigenständig auf die Wohlfühltemperatur, bei Abwesenheit wird die Heizung automatisch heruntergedreht. „Bis zu 32 Prozent Energiekosten und CO_2 können wir so einsparen", erklärt Christoph Berger. Insgesamt knapp 6.500 Tonnen CO_2 wurden damit bis Oktober 2023 bereits vermieden, das entspricht über 800 Erdumrundungen mit einem Benziner.

Vilisto will weiter wachsen. Dafür konnte das Start-up im Jahr 2023 zusätzliche fünf Millionen Euro bei Investoren einsammeln. Es ist unter anderem geplant, in weitere Märkte zu expandieren. „Das alles funktioniert natürlich nur mit reichlich fachlicher Kompetenz. 2023 haben wir uns daher fast verdoppelt: von 51 Mitarbeitenden im Januar auf rund 100 im Dezember", so der Energiesparexperte.

TRIQBRIQ ↘

Bausteine aus Altholz. „Aus Sturmholz wird Eigenheim“, titelte die Stuttgarter Zeitung über die Firma Triqbriq, die Ende 2021 in der baden-württembergischen Landeshauptstadt gegründet wurde. Bäume, die bei einem Sturm umknicken oder die vom Borkenkäfer befallen sind, gelten in der Holzbauindustrie zu großen Teilen als unbrauchbar. Doch anstatt sie im Kamin zu verfeuern oder zu schreddern, werden sie von Triqbriq weiterverwertet und zu mikro-modularen Holzbausteinen für Gebäudewände verarbeitet.

Die sogenannten Briqs, von denen Triqbriq bis Ende 2023 über 30.000 Stück gefertigt hat, werden zusammengesteckt und mit Buchenholzdübeln verriegelt. Es gibt mehrere gute Gründe für die Verwendung dieses Baustoffes: Die Ressource Holz wird geschont, denn durch die Verarbeitung zu Briqs wird das verwendete Material kreislauffähig. Gleichzeitig wird sie zum CO_2-Speicher. Außerdem ist die Bauweise für Kunden kostensparend. Das Triqbriq-Verfahren ist günstiger als vergleichbare Methoden, auch durch die kurze Bauzeit. So wurde in Frankfurt der Rohbau eines Mehrfamilienhauses inklusive Dachstuhl innerhalb von sechs Tagen fertiggestellt.

Um möglichst ressourcenschonend zu arbeiten, will das Start-up auch dort Standorte für Produktionsanlagen schaffen, wo besonders viel Schadholz anfällt. „Unser Businessplan sieht vor, dass wir bis 2027 über 30 Produktionsanlagen haben – im eigenen Betrieb und in partnerschaftlicher Zusammenarbeit mit anderen Unternehmen“, erklärt Unternehmensgründer und Geschäftsführer Maximilian Wörner.

Außerdem hat Triqbriq im vergangenen Jahr eine Klimaoffensive gestartet. Die Kampagne sollte die kreislauffähige Einlagerung von einer Million Kilogramm CO_2 in den kommenden Bauvorhaben nachhaltig gewährleisten. Das entspricht ungefähr den Triqbriq-Produktionskapazitäten für das vergangene Jahr. „Die Summe der Projekte, mit denen wir im Nachgang der Klimaoffensive geplant haben, überstieg das gesteckte Ziel von eingespartem CO_2 – gebunden in dem Holz unserer Briqs – sogar deutlich“, freut sich Wörner.

CIRCUNOMICS ↘

Kreislaufwirtschaft für E-Akkus. Wenn die Batterie eines Elektroautos ausgedient hat, bedeutet das nicht automatisch, dass sie komplett ausgepowert ist. Im Gegenteil: Sie kann beispielsweise noch als stationärer Stromspeicher verwendet werden. Außerdem enthalten gebrauchte Akkus recycelbare Rohstoffe für neue Batterien. Dieser Second-Life-Gedanke war die Initialzündung für das Mainzer Start-up Circunomics, ein Kreislaufsystem für Batterien aus Elektrofahrzeugen aufzusetzen und sich auf die Weitervermittlung alter Batterien zu spezialisieren. Der Verkauf erfolgt über einen eigenen B2B-Marktplatz. „Wir sind derzeit die mit Abstand bedeutendste Plattform auf dem Markt, die das größte Volumen aus Angebot und Nachfrage zusammenbringt", sagt Felix Paul Wagner, Gründer und CEO von Circunomics. Daneben ist das Recycling ein wichtiges Standbein des Unternehmens, also die Rückgewinnung Seltener Erden und von Metallen wie Lithium, Nickel und Kobalt für die Herstellung neuer Batterien.

Dazu muss man zunächst einmal wissen, was wie verbaut wurde, denn viele Batterien gleichen einer Blackbox. Mithilfe einer Datenanalyse-Funktion wird für jede Batterie eine Diagnose erstellt und gleichzeitig auch deren Wert ermittelt. Doch was, wenn keine Daten vorhanden sind? Dafür hat sich Circunomics vor Kurzem mit dem Dresdner Unternehmen Novum zusammengetan. „Novum testet die Batterien physikalisch. So können wir eine Bewertung vornehmen, ob diese noch für den ReUse oder das 2nd Life geeignet sind", sagt Wagner.

Circunomics gehört zu den First Movern in diesem Markt, der nun „kompetitiver wird", wie Wagner erklärt. Um erfolgreich zu bleiben, müssen ständig die Bedürfnisse der Kundschaft neu ausgelotet werden. „Dazu haben wir eine feste Regel in der Produktentwicklung", so der Unternehmer. „Es wird keine Zeile Code entwickelt, bevor wir nicht die Bedürfnisse und das Feedback der Kunden eingeholt haben." Außerdem ist bei Circunomics der Leiter des Sales-Teams gleichzeitig der Product-Owner. „So sind Kundenwunsch und Produktstrategie immer eng verzahnt."

VOLOCOPTER ↘

Senkrechtstarter für die City. In diesem Sommer wird für das Start-up Volocopter endlich ein Traum wahr: Dann soll das elektrische Flugtaxi VoloCity zu den Olympischen Spielen in Paris erstmals voll lizensiert abheben. „Zu diesem Zeitpunkt werden wir unseren kommerziellen Betrieb starten. Jeder wird einen VoloCity-Flug buchen können, um nachhaltig und staulos über die Stadt zu fliegen", sagt Christian Bauer, CCO des Start-ups aus Bruchsal.

Doch von der Gründung 2011 bis heute war es ein weiter Weg, der allen Beteiligten viel Geduld und Geld abverlangte. Als eine von mehreren Hürden auf dem Weg zum Ziel hat sich der Aufbau einer funktionierenden Start- und Landeinfrastruktur erwiesen. An einer Lösung wurde in den letzten Jahren viel getüftelt. „Unsere Infrastruktur ist jetzt modular aufgebaut, das heißt, wir können auf recht kleinen freien Flächen wie Parkhausdächern oder über Nahverkehrsinfrastruktur aufsetzen", erklärt Bauer. Tatsächlich kann das Unternehmen auch existierende Infrastrukturen für Helikopter nutzen, wofür die Landeplätze um eine Batterieaufladestation erweitert werden müssen. „Damit sind wir in der Lage, in den staugeplagten Großstädten dieser Welt schnell und unkompliziert eine zusätzliche Mobilitätsoption anzubieten", sagt Bauer. Volocopter möchte das nachhaltige Mobilitätsangebot in viele Städte bringen, am liebsten weltweit. Dafür hat sich das Start-up im vergangenen Jahr mit einem der führenden Helikopterbetreiber, Bristow, zusammengetan. „Gemeinsam werden wir insbesondere in den USA und in Großbritannien schneller Flugtaxis einführen können", erklärt Bauer.

Darauf dürften auch die Investoren hoffen, denn bis dato wurde mit den elektrischen Senkrechtstartern noch kein Geld verdient. 600 Millionen Euro stecken in dem ambitionierten Unternehmen. Zum Investorenkreis zählen unter anderem Mercedes-Benz und BlackRock. „Wir werden den Markt für elektrische Flugtaxis öffnen und damit einen beachtlichen Beitrag zu einem immens wichtigen gesellschaftlichen Thema leisten, nämlich zur zeitnahen Dekarbonisierung der Luftfahrt", sagt Bauer zur Motivation, mit der das Unternehmen vor 13 Jahren gegründet wurde.

Erfolgreich gründen: Nur Plan A zählt!

Lars Hinrichs ist einer, der Day One lebt. Immer und überall. Er sagt über sich, auszuruhen entspreche nicht seiner Natur. Der Gründer des Karrierenetzwerks Xing spricht über das, was eine gute Idee ausmacht und welcher innerer Haltung es bedarf, um diese erfolgreich umzusetzen.

Stellen Sie sich vor, Sie sind Investor. Und täglich erreichen Sie Ideen von Gründern und denen, die es werden wollen. Sie erhalten eine E-Mail mit einer akkuraten Präsentation, einem Business Case, top berechneten Zahlen zum potenziellen Wachstum, zum Markt und zur Branche. Es geht zum Beispiel um eine Plattform für den An- und Verkauf von Gebrauchtwagen, die das Beste aus den bisherigen Angeboten dieser Art zusammenbringt. Und dann bekommen Sie eine weitere E-Mail, in der ein Gründer eine revolutionäre Idee skizziert, um die Erderwärmung einzudämmen. Er beschreibt, wie ihn das Thema umtreibt, welche Ansätze er verfolgt hat und warum er denkt, nun eine technisch machbare Lösung gefunden zu haben. Auch er hat genaueste Berechnungen und einen Business Case vorzuweisen – wenn auch geprägt von sehr viel mehr Unsicherheiten und Risiken.

Es versteht sich von selbst, dass nur einige solcher revolutionärer Ideen einer genaueren Prüfung standhalten – und dann auch noch finanzierbar sind. Aber es sind Ideen wie die letztere, für die ich brenne. Ideen, die ein Problem lösen. Und Ideen, die mir jemand vorträgt, der ebenfalls dafür brennt, sie umzusetzen. Weil sie neu, spannend und revolutionär sind.

„Ideen sind gut, wenn sie dazu dienen, ein Problem zu lösen“

Wir brauchen keinen weiteren Marktplatz für Gebrauchtwagen und auch kein zehntes Preisvergleichsportal. Ich habe meine Unternehmen fast alle aus Problemen heraus gegründet, die ich selbst hatte. Nehmen wir das Beispiel Xing: Ich wollte die Kontakte meiner Kontakte erreichen, weil ich schon immer der Meinung war, dass gute Netzwerke essenziell sind, um beruflich voranzukommen. Auch bei Politik-digital ging es darum, ein Problem zu lösen. Ich wollte eine Plattform schaffen, um in das politische Geschehen auf digitalem Weg mehr Transparenz und mehr Möglichkeiten der demokratischen Beteiligung reinzubringen. So etwas gab es noch nicht.

Es gibt an sich nur zwei Modelle, die für die Gründung eines Unternehmens Sinn machen: Entweder Sie erschaffen einen neuen Markt oder Sie optimieren einen bestehenden Markt grundlegend. Es reicht nicht, einfach nur etwas zu verbessern, eine Spur günstiger zu sein als die Konkurrenz oder ein schickes Logo zu entwickeln. Exploration statt Exploitation ist das Gebot der Stunde.

„Welche Lösung würde die Menschen mitreißen?"

Um etwas Neues zu entwickeln oder auch um aus Investorensicht zu bewerten, was Potenzial hat, bringt die Marktforschung nichts. Ich gehe sogar so weit zu sagen: Ich glaube nicht an Marktforschung. Man kann Menschen nur zu Produkten oder Services befragen, die es schon gibt. Aber wenn es um die Innovationskraft einer Idee geht, kann ich nicht erfragen, wie die Menschen diese bewerten.

Es ist dieser Spirit, der mich meine ganze Karriere über begleitet – sowohl aus Unternehmer- als auch aus Investorensicht: Auf dem Weg zu einer neuen Idee muss es immer darum gehen, zu überlegen, wie ich Begeisterung auslösen kann. Wie kann es mir gelingen, eine Lösung für ein Problem zu finden, die die Menschen mitreißt? Darum habe ich immer nur Teams gefördert, die diesen Spirit mitgebracht haben – die etwas sehen, was andere nicht gesehen haben. Auch bei HackFwd haben wir Entwickler gefördert, die zukunftsweisende Ideen hatten und gleichzeitig die Fähigkeiten, diese auch umzusetzen.

„Das Festhängen am Status quo ist tödlich"

Und spätestens hier ist eine Day-One-Haltung unabdingbar. Denn das Festhängen am Status quo ist tödlich. Gerade wir Deutschen sind schnell mit dem zufrieden, was wir haben, und denken: „Eigentlich läuft doch alles ganz gut!" Diese Haltung bringt uns aber nicht weiter – weder schaffen wir es so an die Spitze, noch uns dort zu halten. Du musst dich jeden Tag fragen, wie Dinge besser werden können. Auch das betrifft sowohl das Entwickeln neuer Ideen im Sinne von: Was braucht es, um das Leben zu erleichtern? Aber auch beim Umsetzen eines Plans: Wie kann mein Vorhaben noch besser, noch effizienter werden, sodass ich erfolgreich bin?

Von dieser Start-up-Denke können sich Großunternehmen an der einen oder anderen Stelle sicher noch etwas abgucken: Bleibt offen für Neues! Hinterfragt jeden Tag, ob die Art und Weise, wie ihr agiert, wirklich das Beste im Sinne des Kunden ist!

„Hören Sie nicht auf die Pessimisten!"

Da hilft es auch, unbedingt wegzukommen von dem ewigen Denken „das haben wir schon immer so gemacht" und anders kann es gar nicht funktionieren. Als ich die Idee zu Xing hatte, habe ich aus meinem Umfeld mehr Gegenargumente gehört als solche, die dafür sprachen, sie auch umzusetzen. Aber ich war davon überzeugt, hatte ein klares Ziel und es darum einfach trotzdem gemacht.

Als ich 2014 die Idee zu Apartimentum hatte, haben viele gesagt, den Markt für Smartes Wohnen in diesem Ausmaß gebe es nicht. Niemand brauche ein vernetztes Haus, in dem ich per Smartphone die Tür öffnen kann. Ich aber habe für die Idee gebrannt, von Anfang an. Ich wollte ausprobieren und aufzeigen, was in dem Begriff Smart Home alles stecken kann. Und siehe da, die 45 Wohneinheiten sind dauerhaft vermietet.

Ich verfolge immer nur Plan A. Denn der beinhaltet das, was ich für richtig halte. Wenn das nicht funktioniert, modifiziere ich ihn oder entwickle einen neuen Plan A. Mit einem Plan B würde ich mich nie zufriedengeben.

Lars Hinrichs

Eines der ersten beruflichen Projekte des 1976 geborenen Lars Hinrichs war die Plattform Politik-digital.de, die 2001 mit dem Grimme Online Award Medienkompetenz ausgezeichnet wurde. Sein wohl bekanntestes Projekt folgte 2003: die Gründung von Open BC, aus dem sich das Karrierenetzwerk Xing beziehungsweise die heutige New Work SE entwickelte. Als CEO begleitete Lars Hinrichs 2006 den Börsengang von Xing. Nach weiteren Gründungen wie HackFwd, einem der ersten Inkubatoren Europas, sowie einigen Start-up-Beteiligungen startete er 2015 im Nobelviertel Hamburg-Rotherbaum das Miethausprojekt „Apartimentum", um die Möglichkeiten intelligenter Hausvernetzung aufzuzeigen. Lars Hinrichs ist aktives Mitglied der Young Global Leaders (YGL) of the World Economic Forum und der Young Presidents' Organization (YPO). Er ist unter anderem im Aufsichtsrat der Deutschen Telekom AG tätig. Sein neuestes Projekt: 2025 wird er in der Hamburger HafenCity Europas erstes digitales Museum eröffnen, das UBS Digital Art Museum. Auch privat neigt er zu radikalen Entscheidungen: Er verkaufte seinen Tesla, um in Hamburg ausschließlich auf Carsharing zu setzen.

Das heißt nicht, keine Fehler zu machen. Ich persönlich habe ausreichend falsche Entscheidungen getroffen in meinem Leben. Doch zu einem fatalen Fehler werden diese erst dann, wenn man sie zweimal macht. Bis dahin ist jede falsche Entscheidung, jedes Eingeständnis, dass etwas nicht richtig gelaufen ist, ein Lerneffekt, aus dem eine neue Idee hervorgeht. Als Gründer musst du aus Fehlern lernen. Als Führungskraft geht es zusätzlich darum, Fehlentscheidungen transparent zu machen und zu erklären, warum Dinge nun anders angegangen werden. Eine gute Führungskraft ist ein Dirigent, der sich in seine Mannschaft hineinversetzt, die richtigen Fragen stellt und es immer wieder schafft, die Begeisterung hochzuhalten. Wie am ersten Tag.

A ROLLING STONE GATHERS NO MOSS

Sabine Hübner macht Unternehmen zu Lieblings-Companys ihrer Kunden. Das „Wow!“ der Kunden ist für sie und ihre Beratungsagentur forwardservice Anspruch und Ansporn zugleich. Und jedes „Wow!“ beginnt immer bei den Mitarbeitenden. Die Buchautorin und Managementberaterin erklärt, wie es gelingt, die Kundenbedürfnisse Tag für Tag im Blick zu behalten – und weit mehr zu tun, als sie nur zu erfüllen.

„A rolling stone gathers no moss“ – so lautet ein englisches Sprichwort, das für mich auf den Punkt bringt, was Business ausmacht. Auf Deutsch heißt es: „Ein rollender Stein setzt kein Moos an.“ Und genau darum geht es: Business bedeutet, alles immer wieder neu verstehen zu wollen und in Bewegung zu halten. Auf jeder Ebene, in jeder Abteilung.

Mit alles meine ich das, was die eigenen Kundinnen und Kunden bewegt: was sie sich wünschen, was sie brauchen in einer Welt, die sich immer schneller dreht. Und auf der anderen Seite all das, was die Welt an Innovationen zu bieten hat und Unternehmen in ihre Prozesse und Produkte integrieren können. Die erfolgreichsten Unternehmen sind diejenigen, die es verstehen, aus dieser Bewegung ein funktionierendes Geschäftsmodell zu machen – und nicht im eigenen Erfolg zu erstarren.

An dieser Stelle möchte ich drei Ansätze mit Ihnen teilen, die sich in unserer Beratungspraxis immer wieder als wunderbare „Gamechanger" erwiesen haben. Sie helfen Ihnen, beweglich und damit erfolgreich zu bleiben:

- **ZUHÖREN**
- **REFLEKTIEREN**
- **PIONIERE FINDEN**

1. Unverstellt zuhören – die Königsdisziplin

Aus unserer Praxis wissen wir, wie innovativ und produktiv Menschen werden, wenn sie ihrem „echten Kern" und ihrer Empathie Raum geben: Sie sind dann hundertprozentig bei sich, konzentriert, präsent im Augenblick. Sie hören wirklich zu, lassen sich auf ihr Gegenüber ein und entwickeln sinnvolle Lösungen – ganz ohne Buzzword-Bingo.

Aus dieser Haltung heraus haben wir in einem internen forwardservice-Meeting einen Gedanken reflektiert, den unsere Kunden immer wieder mit uns teilen: „Was machen wir mit den Kolleginnen und Kollegen, die denken, ‚Wir sind doch so gut!' oder ‚Ich mache das seit zig Jahren und habe alles gesehen!'?" Wenn es um die Verbesserung des Kundenerlebnisses geht, klingt die Resonanz von Mitarbeitenden und auch von Führungskräften oft tatsächlich so oder ähnlich. Nun basieren unsere Lösungen per se darauf, dass wir Mitarbeitende einbeziehen, den Dialog anstoßen und ihre Gedanken anhören. Nur: Wer sich nicht einbeziehen lässt, der bewegt sich nicht. Der lässt sich auf Veränderung nicht wirklich ein. Was also tun?

Aus unserer Diskussion über die „Wir-sind-doch-so-gut!-Menschen" ist eine ganz neue Idee entstanden. Wie wäre es, einen Team-Impuls zu entwickeln, der die Teilnehmenden mehr inspiriert, als sie in eine bestimmte, vorgegebene Richtung zu „konditionieren"? Wir dachten an eine gemeinsame Aktivität, die gleichzeitig relevante Aspekte für das Kundenerlebnis berücksichtigt: Servicehaltung, Kommunikation, Empathie und Führung. Ein Training, das einen ganz anderen, frischen Blick auf Zusammenarbeit und Problemlösung wirft – jenseits der etablierten digitalen Tools. Schnell war die Idee für ein Escape-Room-Konzept geboren: Die Teilnehmenden arbeiten in Teams an Aufgaben und finden gemeinsam die beste Lösung – vor allem dann, wenn sie einander zuhören und sich aufeinander einlassen.

Inspirationen aufgreifen, Impulse weiterentwickeln, konstruktive Kritik annehmen – all das macht den Day-One-Spirit aus, der so wichtig ist, um das Business in Bewegung zu halten. Und all das lässt sich lernen: Eine Atmosphäre, in der sich Menschen trauen, ihre Gedanken klar auszusprechen, ist enorm produktiv. Dazu noch ein Beispiel aus

Sabine Hübner

Wer das Kundenerlebnis verbessern will, muss Menschen bewegen. Sabine Hübner kann genau das. Die gebürtige Österreicherin ist Vortragsrednerin, CEO und Gründerin der Düsseldorfer Beratungsagentur forwardservice GmbH. Mit ihrem Team und eigenen Tools begleitet sie führende Mittelständler und Konzerne dabei, den Fokus konsequent auf den Kunden zu richten und in der gesamten Organisation eine ausgeprägte Servicehaltung fest zu verankern.

Sie sammelt Kunst, sucht das Gespräch mit klugen Unternehmerpersönlichkeiten, liebt inspirierende Reisen und Bewegung – in Laufschuhen am Rhein entlang, mit dem Trolley über den Golfplatz oder mit dem Bike über die Alpen. Mit ihren Büchern, Blogs und Vodcasts stößt sie die Reflexion über das Serviceverständnis nachhaltig an. Sie sagt: „Service ist kein Projekt, Service ist eine Haltung."

unserer Praxis: Seit Jahren produzieren wir erfolgreich Video-Tutorials für unsere Customer-Experience-Programme. Und weil die Filme gut ankamen, blieben wir lange Zeit bei einem ähnlichen Look & Feel. Bis uns ein Kunde das Feedback gab, unsere Filme seien „zu lebendig"! Zuerst haben wir die Kritik als Kompliment aufgefasst – lebendig fühlen wir uns ja durchaus, und oft bekommen wir sehr positives Feedback allein für unsere „Energie". Aber er fand, dass unsere lebendige Körpersprache vom Inhalt der Videos ablenke. Wir hörten also genau zu, setzten uns mit der Kritik auseinander und kamen zu der Erkenntnis, dass wir kanalspezifischer konzipieren wollen: Auf der Bühne mehr „acting", in unseren Videos mehr „being". Ergebnis: Wow! Also: Danke! Diese Erfahrung bestätigt unser Lieblingszitat von Karl Popper: „Selbstkritik ist die beste Kritik; aber die Kritik durch andere ist eine Notwendigkeit."

2. Reflexion geht am besten gemeinsam

Empörung und Jammern bringen niemanden weiter, sie blockieren sogar sinnvolle Lösungen, die wir gerade jetzt überall so dringend brauchen und gemeinsam umsetzen müssen. Und das geht nur, wenn wir wieder miteinander reden. Ja, und auch mal streiten. Und zwar für die beste Lösung! Der Philosoph Hans-Georg Gadamer hat einmal einen Satz gesagt, der mir sehr gefällt: „Ein Gespräch setzt voraus, dass der andere recht haben könnte."

Gerade in Krisenzeiten sollten wir alles immer wieder aus dem toten Winkel der Selbstzufriedenheit herausholen und vorbehaltlos anschauen: Sind unsere Angebote noch zeitgemäß? Treffen sie das, was unsere Kundinnen und Kunden wirklich bewegt? In jüngster Zeit haben wir mehr als einmal erlebt, dass das wichtigste Bedürfnis von Mitarbeiterteams nicht noch ein neues Tool war, nicht noch eine bessere Kennzahl – sondern Zuversicht und der Blick auf das, was möglich ist.

Wenn wir also andere begeistern wollen, dürfen wir von uns selbst nicht zu begeistert sein. Ehrlichkeit uns selbst gegenüber macht Respekt, Verständnis und Großzügigkeit anderen gegenüber erst möglich. Wie erreichen wir das? Indem wir unsere Arbeitsabläufe und Routinen, unsere Vorlieben und Vorbehalte, unsere Strategien, Werkzeuge und Kommunikationskultur reflektieren.

„NICHT DIE ERFAHRUNG MACHT UNS KLÜGER, SONDERN DIE REFLEXION DIESER ERFAHRUNG."

Reflexion fängt bei uns selbst an. Sie braucht Disziplin, Offenheit und Größe. Am besten gelingt sie im Miteinander und macht sogar Spaß. Zusammen sein – oft reichen 15 oder 20 Minuten – und über die Dinge reden, die so oft hinter den Kulissen verschwinden: „Welche Einstellung habe ich Kunden gegenüber? Wie gehe ich mit jemandem um, der schnell die Nerven verliert? Wie reagiere ich bei Stress? Woraus schöpfe ich Energie?“

Weil konstruktive Reflexionsrunden nicht von selbst entstehen, braucht es Routinen und Strukturen – am besten feste Termine, zum Beispiel mit Video-Impulsen in Kombination mit motivierenden Moderatorinnen und Moderatoren, die diese Reflexionen anleiten. Zu kompliziert? Zu teuer? Nicht, wenn man mit flexiblen Tools und internen Talenten arbeitet. Der Erfolg dieser Reflexionsrunden zeigt uns immer wieder: Nicht die Erfahrung macht uns klüger, sondern die Reflexion dieser Erfahrung.

3. Aufbruch braucht Pioniere – und die besten sind schon da!

Ein Day-One-Spirit muss von innen heraus kultiviert und getragen werden. Kundenorientierte, umtriebige Führungskräfte sind die Voraussetzung für eine fluide Kundenkultur. Die ungeschönte Wahrheit ist, dass Themen wie Kundenerlebnis, Servicekultur oder Empathie im Führungsalltag oft wenig Raum finden. Am meisten bewirken Führungskräfte daher im Tandem mit ausgewählten Mitarbeitenden, die ihre operative Führungsarbeit als Treiber verstärken. Und deshalb empfehlen wir Unternehmen, interne Talente als „Service Coaches“ zu entwickeln: Als Botschafter für ein begeisterndes Kundenerlebnis tragen sie die Kundenbrille auf der Nase und begleiten Kolleginnen und Kollegen durch Entwicklungsprozesse. Sie gehen als Pioniere voran, räumen Steine aus dem Weg, nehmen Ängste, helfen, feiern Erfolge und machen vor allem Lust auf Bewegung! Einfach durch Zuhören, Verstehen und Antworten. So entsteht ein unverwechselbarer Spirit für eine professionelle und herzliche Servicehaltung im gesamten Unternehmen.

Diese eigentlich einfache Strategie wirkt erfolgsentscheidend: Wir erleben täglich, dass Menschen in Unternehmen unter dem Eindruck der aktuellen Stressfaktoren von außen verunsichert sind, wie echte Empathie und herzliche Begegnungen in der professionellen Praxis aussehen. Deshalb: Sicherheit vermitteln UND Bewegung vorleben, und zwar auf allen Ebenen. Wir brauchen nicht nur den Enthusiasmus des Anfangens, sondern auch die Sicherheit des Weitermachens!

Kurz: Hören Sie einander zu, reflektieren Sie Ihr eigenes Tun und ermutigen Sie interne Pioniere, immer wieder Veränderungen anzustoßen und zu begleiten. So bleiben Sie nicht nur in Bewegung, sondern geben auch wertvollen Begegnungen Zeit und Raum, die Menschen bereichern und Unternehmen erfolgreich machen: Ich nenne sie Menschmomente®. Sie zu ermöglichen ist der Königsweg zu einem Day-One-Spirit, der Ihr Unternehmen in Bewegung hält – wie ein „Rolling Stone.“

durch Wandel

Vorsprung

Die Herausforderungen der Automobilindustrie sind gewaltig. Da ist Mut zur Veränderung gefragt. Deshalb fördert AUDI aktiv eine „High-Performance-Kultur“, die von Pioniergeist, Unternehmertum und gegenseitiger Wertschätzung geprägt ist. Oliver Hoffmann ist Mitglied des Vorstands der AUDI AG und verantwortlich für den Geschäftsbereich Technische Entwicklung. Er spricht über das, was AUDI seit jeher ausmacht, und gibt Einblicke, wie das Unternehmen mit Herausforderungen umgeht und den Wandel vorantreibt, den es jetzt braucht.

„Vorsprung durch Technik" ist für AUDI weit mehr als nur ein Claim – es ist ein Anspruch, eine Haltung und ein Versprechen. Wir hinterfragen kontinuierlich unseren Status quo, um immer besser zu werden. Mit Leidenschaft und Pioniergeist verschieben wir die Grenzen des Machbaren. Wir wollen jeder Herausforderung mit offenem Blick begegnen, ja fast so wie am ersten Tag. Dabei ist unsere über 100-jährige Geschichte für mich eine große Bereicherung. Denn aus Erfolgen und vor allem auch aus Fehlern zu lernen ist für mich mindestens so entscheidend wie Pioniergeist. Unser Ziel haben wir dabei fest vor Augen: unsere Kundinnen und Kunden zu begeistern und Innovation und Fortschritt bestmöglich in die Praxis zu überführen. Wie wir das erreichen? Mit Ingenieurskunst, Sportlichkeit, Leistung, Premiumqualität, progressivem Design und Nachhaltigkeit.

Meilensteine von quattro bis e-tron

Mit diesen Eigenschaften und unserer lebendigen Entwicklungskultur hat AUDI längst Geschichte geschrieben – dafür gibt es etliche Beispiele. Ein Meilenstein war sicherlich die quattro-Technologie. Kurz gesagt, verteilt sie die Antriebskraft auf alle vier Räder. Sie hat nicht nur die Rallye-Szene weltweit revolutioniert, sondern auch den Transfer der Technologie nach den härtesten Bewährungsproben im Motorsport in die Serie gebracht. Und sie prägt bis heute das positive Image der Marke. Die Werbespots, in denen 1986 ein AUDI 100 CS quattro und 2005 ein AUDI A6 4.2 quattro eine schneebedeckte Skisprungschanze erklimmen, sind legendär. Ein weiteres Highlight war 1994 der erste AUDI A8 mit der AUDI-Space-Frame-Technologie, mit dem sich die Marke endgültig im Premiumsegment etablierte. Auch die Sportwagen AUDI TT und der AUDI R8 entwickelten sich zu echten Automobil-Ikonen und gaben uns in jeglicher Hinsicht noch mehr Drive. Einen Quantensprung machten wir im Jahr 2018 mit dem AUDI e-tron, der als erstes rein elektrisch angetriebenes Serienmodell von AUDI unseren Weg in die Premium-Elektromobilität ebnete. Im ersten Halbjahr 2020 war der e-tron der meistverkaufte Elektro-SUV in Europa. Drei Jahre später folgte der Marktstart des AUDI e-tron GT und mit dem AUDI Q6 e-tron wird 2024 die erste Modellreihe auf einer komplett neu entwickelten Plattform für rein elektrische Fahrzeuge vorgestellt.

Die „Audianerinnen" und „Audianer" brennen für ihre Marke

All die zukunftsweisenden Entwicklungen von AUDI waren und sind nur möglich mit einem hoch motivierten und topqualifizierten Team, das für die Marke brennt. Wir entwickeln und produzieren faszinierende und emotionale Autos – da fällt die Identifikation mit der starken Marke AUDI nicht schwer. Unsere Mitarbeitenden bezeichnen sich selbst als „Audianerinnen" und „Audianer". Sie fühlen sich den Vier Ringen, der Tradition des Unternehmens und seiner ganz eigenen „AUDI-Kultur" eng verbunden. Und sie engagieren sich tagtäglich dafür, den Erfolg unseres Unternehmens weiter zu steigern. Da ist richtig viel Herzblut im Spiel. Das gilt auch für mich selbst. Ich bin seit fast 20 Jahren „Audianer" und sehe es als großes Privileg, die Geschicke des

Unternehmens in verantwortlicher Position mitgestalten zu dürfen. Das ist ein intensiver und weitreichender Prozess: Die Arbeit an ambitionierten, komplexen und zeitkritischen Projekten kann sehr anstrengend und fordernd sein. Doch wenn wir mit einer starken Teamleistung einen neuen faszinierenden AUDI auf die Straße bringen, der unsere Kundinnen und Kunden begeistert, dann fühlt sich das richtig gut an. Aus vielen Gesprächen mit meinen Mitarbeitenden in der Technischen Entwicklung weiß ich, dass sie ihre Arbeit als sinnstiftend und erfüllend empfinden, dass sie stolz auf „ihre" Autos sind und sich mit der Marke eng verbunden fühlen. Was will man mehr?

„Das Auto wird zum mobilen Ort digitaler Erlebnisse, zum Büro, Kino, Game- und Shoppingcenter."

Umbruch im Spurttempo

Klar ist allerdings auch: Die Herausforderungen werden nicht kleiner, das Umfeld wird immer dynamischer. Die gesamte Automobilindustrie befindet sich in der größten Transformation ihrer Geschichte. Rund um den Globus arbeiten die Hersteller und Zulieferer mit Hochdruck daran, dass die Vision einer nachhaltigen Mobilität Wirklichkeit wird. Die Entwicklung vom Verbrennungsmotor hin zum Elektroantrieb hat in den vergangenen Jahren mächtig Schwung bekommen und wird in naher Zukunft noch deutlich an Fahrt gewinnen. Die ebenfalls in rasantem Tempo fortschreitende Digitalisierung erfordert intelligente Software- und Konnektivitätslösungen. Denn das Nutzerverhalten der Kundinnen und Kunden ändert sich deutlich: Das Auto wird zum mobilen Ort digitaler Erlebnisse, zum Büro, Kino, Game- und Shoppingcenter. Dieser Trend wird sich mit dem Potenzial des automatisierten Fahrens weiter verstärken. Bei der Etablierung und Skalierung neuer Technologien kommen für global präsente Unternehmen wie AUDI vielfältige strategische, betriebswirtschaftliche und regulatorische Herausforderungen hinzu. Angesichts des hohen Kosten- und Wettbewerbsdrucks müssen die Hersteller entscheiden, inwieweit sie ihre Produkte und Dienstleistungen standardisieren und doch gleichzeitig an lokale Märkte und bestimmte Zielgruppen anpassen. Darüber hinaus werden die Beschaffung wichtiger Komponenten und das Management robuster Lieferketten über Länder und Regionen hinweg immer anspruchsvoller, wozu auch die aktuellen geopolitischen Verwerfungen beitragen. Kurzum: Es weht ein scharfer Wind durch die Hallen der Autobranche. Doch schon Aristoteles wusste: „Man kann den Wind nicht ändern, aber die Segel anders setzen."

„Unsere über 100-jährige Geschichte ist für mich eine große Bereicherung. Denn aus Erfolgen und vor allem auch aus Fehlern zu lernen ist mindestens so entscheidend wie Pioniergeist.“

Die strategischen Weichen richtig stellen

Bei AUDI war es immer unser Anspruch, nicht vom Wandel getrieben zu werden, sondern Treiber des Wandels zu sein. Das klappt naturgemäß nicht immer. Aber ein solches Mindset ist aus meiner Erfahrung unverzichtbar. Als Leiter der Technischen Entwicklung stehe ich stellvertretend für mehr als 10.000 Ingenieurinnen und Ingenieure, aus verschiedenen Kulturen, mit ganz unterschiedlichen Erfahrungen und verteilt über den ganzen Globus. Wir sind davon überzeugt, unsere ehrgeizigen Ziele auch bei stürmischer See zu erreichen – Day One lässt grüßen. Dafür sind von Zeit zu Zeit tiefgreifende Entscheidungen notwendig. Ein Beispiel: Schon sehr bald werden wir nur noch neue Modelle mit Elektroantrieb auf den Markt bringen. Die Produktion von Verbrennungsmotoren soll bis 2033 sukzessive auslaufen. Ambitioniert? Definitiv. Aber nur durch konkrete wie ambitionierte Ziele schaffen wir diesen Strukturwandel. So haben wir unsere Entwicklung konsequent in Richtung Systems Engineering aufgestellt. Das Fahrzeug ist nicht mehr die Summe seiner Bauteile, die am Ende zusammenpassen müssen. Es handelt sich nun vielmehr um ein mobiles Gerät, das eine Einheit an Systemen aus Software und Hardware bildet. Nehmen wir zum Beispiel die Blinker. Wurden sie früher als separates Teil entwickelt, gehören sie heute zu einem System, bei dem eine Fülle von Funktionen wie Sensoren, Lenkung und Blinker miteinander interagieren. Das ist eine vollkommen neue Denkweise, bei der wir mehr denn je die Perspektive unserer Kundinnen und Kunden einnehmen, um echten Mehrwert zu schaffen. In diesem Kontext ist auch die Einführung der erwähnten neuen Elektro-Plattformen mit ihren ebenfalls neuen Elektronikarchitekturen ein Gamechanger für AUDI. Die konsequente Kundenzentrierung manifestiert sich auch im Design: Wir konzipieren unsere Modelle konsequent von innen nach außen. Der Innenraum avanciert zum Wohnumfeld der Kundinnen und Kunden und dominiert den gesamten Designprozess. Um in der Entwicklung und Produktion noch schneller, agiler und effizienter zu werden, treiben wir zudem die Digitalisierung aktiv voran und nutzen vermehrt digitale Simulationstechniken und Künstliche Intelligenz.

Die Komfortzone verlassen

Aufbruchsstimmung ist bei AUDI Teil unserer Gene. Trotzdem verlangt der technologische Umbruch unserem Team viel ab. Die Komfortzone zu verlassen und offen für Neues zu sein ist nicht immer einfach. Nehmen wir nochmals das Beispiel E-Mobilität: Die von AUDI entwickelten Verbrennungsmotoren spielten jahrzehntelang in der Champions League. Der Strategiewechsel hin zum Elektroantrieb hat daher bei manchen Mitarbeitenden Stirnrunzeln ausgelöst. Und seien wir ehrlich, eine solche Entscheidung lässt sich auch nicht von heute auf morgen im Mindset verankern – weder intern noch bei unseren Kunden. Umso wichtiger ist es, alle mitzunehmen, sie von den neuen Zielen zu überzeugen und sie durch Weiterbildung auf die künftigen Anforderungen effektiv vorzubereiten. Viele unserer Ingenieurinnen und Ingenieure, die jahrelang Verbrenner entwickelt haben, arbeiten inzwischen in den Bereichen

Batterie, Leistungselektronik und Elektromotor. Und die meisten sind sehr glücklich damit. Denn ihnen ist klar: Hier sind der Innovationsdruck und die Stellhebel am größten, hier können sie wirklich etwas bewegen. Einmal mehr kommt dabei die bei AUDI gelebte Day-One-Mentalität zum Tragen, die Pioniergeist und Erfahrung verbindet. Denn mit den gewohnten Tools, Methoden und Prozessen lassen sich zwar weder die zunehmende Komplexität noch die sich stetig verändernden Rahmenbedingungen bewältigen. Aber auf Basis der Erfahrungen und des kollektiven Wissens in unseren Teams können wir eben auch diesen Wandel auf ein sehr stabiles Fundament setzen. Mit einer Haltung, die mit Neugier, Energie und Optimismus die Herausforderungen annimmt und stemmt. Doch uns beschäftigen nicht nur die technologischen Entwicklungssprünge und die dafür notwendigen neuen Kompetenzen. Vielmehr hat sich die gesamte Arbeitswelt um uns herum verändert – auch beschleunigt durch die Auswirkungen der Corona-Pandemie.

Mit einer „High-Performance-Kultur" das nächste Level erreichen

Unsere Antwort lautet: „High-Performance-Kultur". Wir befinden uns bei AUDI mitten in einem unternehmensweiten Kulturwandel, den wir in der Technischen Entwicklung mit unseren eigenen Strukturen und Abläufen ausgestalten. Was bedeutet das? Wir haben uns genau angeschaut, wie wir miteinander umgehen, wie wir Führung und Eigenverantwortung verstehen, wie wir Vielfalt leben, und wie wir unseren Zusammenhalt und unsere Resilienz stärken. Dabei ist deutlich geworden: Hierarchische Strukturen verlieren gegenüber der Arbeit im Netzwerk an Bedeutung. Es geht darum, kooperativ, vertrauensvoll und wertschätzend zusammenzuarbeiten. Feedback geben, konstruktive Kritik äußern und mögliche Konflikte offen ansprechen – das alles sind Dinge, die über Hierarchieebenen hinweg noch selbstverständlicher werden müssen. Zugegeben: Das klingt ein bisschen nach „Wort zum Sonntag" und findet sich vermutlich in jedem zweiten Unternehmensleitbild. Der Unterschied ist: Wir setzen es um – genau jetzt. Denn nur in einem innovationsgetriebenen und positiven Klima können wir „out of the box" denken, über den Tellerrand blicken, ohne Scheuklappen die nötige Inspiration finden, und doch von unserem großen Wissen profitieren. Die angestrebte „High-Performance-Kultur" erreichen wir, wenn sich jede und jeder Einzelne dem gemeinsamen Ziel verbunden fühlt. Diese Kultur und das positive Engagement aller Mitarbeitenden sind die Grundlage, mit der wir die vor uns stehenden Herausforderungen bewältigen. Wir sind bei AUDI auf einem sehr guten Weg, unsere Haltung, unsere Kultur und unser Mindset auf ein neues Level zu heben. Aber wie heißt es so schön: Jeder Tag ist ein neuer Tag.

„Das positive Engagement aller Mitarbeitenden ist die Grundlage, mit der wir die vor uns stehenden Herausforderungen bewältigen.“

Oliver Hoffmann

Der gebürtige Hannoveraner Oliver Hoffmann studierte Maschinenbau an der Leibniz Universität in Hannover und begann 2004 seine berufliche Laufbahn bei der Volkswagen AG in der Technischen Entwicklung. Von 2005 bis 2011 war er in verschiedenen Positionen an Standorten der AUDI AG im In- und Ausland tätig. Ab 2012 hatte Oliver Hoffmann die Funktion des Assistenten des Vorstandsvorsitzenden der AUDI AG inne. Von 2014 bis 2017 war er zunächst Leiter der Antriebsentwicklung am ungarischen Standort in Györ und dann Leiter der Antriebsentwicklung der AUDI AG. Im Oktober 2017 wechselte er als Leiter der Technischen Entwicklung zur AUDI Sport GmbH und wurde im Juni 2018 in die Geschäftsführung berufen. Ab 2019 übernahm er zwei weitere Führungspositionen: die Leitung der Technischen Entwicklung des Standorts Neckarsulm sowie die Leitung der Antriebsentwicklung der AUDI AG. Ab Juli 2020 leitete er als Chief Operating Officer das operative Geschäft der Technischen Entwicklung der AUDI AG. Seit 1. März 2021 ist er Mitglied des Vorstands der AUDI AG für den Geschäftsbereich Technische Entwicklung. Oliver Hoffmann ist verheiratet und hat zwei Kinder.

DAY ONE IN ZWÖLF WORTEN

„Jeder Tag ist Day One", sagt Amazon-Gründer Jeff Bezos. Aber was macht ihn denn aus, diesen Day-One-Spirit? Welche Eigenschaften unterscheiden Menschen und Unternehmen mit dieser Denkweise von anderen? Jeder und jede braucht individuelle Zutaten, um erfolgreich zu sein und auch zu bleiben. Und doch gibt es einige, die zum Grundrezept unabdingbar dazugehören.

Leidenschaft

Dem Start-up Vectoflow um Gründerin KATHARINA KREITZ ist es gelungen, mittels 3D-Druck die kleinsten Strömungssonden der Welt zu produzieren. Die Minisonden registrieren beispielsweise Geschwindigkeit, Druck und Temperatur in „strömenden" Medien wie Wasser, Luft und Öl. Die zahlreichen Kunden kommen unter anderem aus der Luft- und Raumfahrt sowie der Formel 1. Katharina Kreitz über die Komponente „Leidenschaft" in ihrem Erfolgsrezept.

Sie haben Maschinenbau an der TU München studiert, spezialisiert auf Astronautic und Aeronautic. Inwiefern hatte diese Wahl etwas mit Leidenschaft zu tun?

Mir ist schon immer alles Mathematische sehr leichtgefallen, während ich mich mit Sprachen schwertat – eine 1 in Mathe und eine 5 in Französisch sprachen für sich. Nach dem Abitur dachte ich zunächst, ein Mathe- oder Physikstudium sei etwas für mich. Doch schließlich habe ich mir Maschinenbau angeschaut, was meiner Meinung nach das Beste aus beiden Welten vereint! Die Raumfahrt hat mich schon immer inspiriert und der Lehrstuhlinhaber, Professor Ulrich Walter, war mal Astronaut, und da war dann die Sache klar. Meine Kompetenzen haben die Richtung vorgegeben, aber die Leidenschaft fürs Thema war letztlich ausschlaggebend für die Studienwahl.

Ihre komplexe Messtechnik ist sehr erfolgreich. Sie beliefern mit Vectoflow seit 2022 unter anderem anspruchsvolle Kunden aus der Formel 1 und der Luftfahrt. Ist Leidenschaft die Voraussetzung für diesen Erfolg?

Emotion und Leidenschaft sind unbedingt notwendig, um Kunden von unserem Produkt zu überzeugen! Zudem hat mir meine Leidenschaft stets dabei geholfen, auch in schwierigen Zeiten den Mut nicht zu verlieren, sondern dranzubleiben. Dennoch ist es wichtig, sich nicht komplett von ihr übermannen zu lassen. Man sollte Leidenschaft paaren mit Stärke, einem kühlen Kopf, Empathie und Durchhaltevermögen.

Sie versuchen, Schüler und vor allem Schülerinnen für die MINT-Berufe zu begeistern. Wie vermitteln Sie Ihre Leidenschaft? Haben Sie den Eindruck, dass „der Funke überspringt"?

Man muss die Kinder in ihrer Lebenswelt und bei ihren Interessen abholen. Ich beginne nicht mit einer theoretischen Abhandlung, sondern zeige den Mädchen beispielsweise, was man mit einem 3D-Drucker alles machen kann. Oder ich führe ihnen vor, wie der Windkanal funktioniert, und lasse sie wilde Grimassen darin schneiden. Es gilt, Leidenschaft durch Spaß zu erwecken und gleichzeitig zu akzeptieren, wenn Kinder doch einfach andere Interessen haben.

Durchhaltevermögen

Rund 45 Minuten sollte die Überfahrt mit dem kleinen motorisierten Schlauchboot von der türkischen Küste zur griechischen Insel Lesbos dauern. Für die damals 17-jährige Syrerin **YUSRA MARDINI** und die anderen Flüchtlinge an Bord endete die Fahrt beinahe tödlich. Der Motor fiel aus, das Boot drohte zu sinken – und Yusra Mardini sprang ins Wasser. Auf offener See stabilisierte sie das Boot und manövrierte es gemeinsam mit ihrer Schwester und einem weiteren Flüchtling stundenlang durch die Fluten. Sie überlebten. Ein traumatisches Erlebnis, das Yusra Mardini nicht gebrochen, sondern stärker gemacht hat: Nach ihrer Ankunft in Deutschland 2015 nahm sie ihre bereits als Kind in Syrien begonnene Schwimmkarriere wieder auf und bewies einmal mehr ihr außergewöhnliches Durchhaltevermögen: Nur ein Jahr nach ihrer Flucht wurde die Leistungsschwimmerin Teil des Refugee Olympic Teams bei den Olympischen Spielen 2016 in Rio de Janeiro – und verlieh damit Millionen von Geflüchteten auf der ganzen Welt eine starke Stimme. Inzwischen lebt Yusra Mardini in den USA, arbeitet als Markenbotschafterin für das UN-Flüchtlingshilfswerk UNHCR und hat 2022 ein Studium für Film- und Fernsehproduktion in den USA begonnen. Ihr Ziel? Geschichten von Menschen zu erzählen, die eine ähnlich harte Reise hinter sich haben wie sie selbst.

Teamgeist

Seit Mai 2023 ist der langjährige Finanzchef **JAN-CHRISTIAN DREESEN** Chief Executive Officer des FC Bayern München. In seiner neuen Rolle hat er sich vorgenommen, das „Wir-Gefühl" wieder mehr in den Fokus zu rücken. „Es geht darum, diesem Club wieder etwas einzuhauchen, was ich als Miteinander-Füreinander beschreibe: dass wir mit Freude zur Arbeit gehen, dass man einander vertraut, dass die Leute untereinander kommunikativer werden und die Türen offen sind. ‚Mia san mia' ist keine Floskel, sondern eine Haltung." Dabei sieht er sich und seine Kollegen aus dem Vorstand und Aufsichtsrat in einer wegweisenden Rolle. „Wir müssen alle mitnehmen: in erster Linie die Mannschaft, denn der Sport ist die Basis, aber genauso unsere Mitarbeiterinnen und Mitarbeiter und die Fans. Dieser Club hat sich immer durch seine familiäre Atmosphäre ausgezeichnet, und dieser ganz spezielle Spirit hat wesentlich zu unseren herausragenden Erfolgen beigetragen. So soll es auch in Zukunft sein, das ist mein großer Wunsch."

Verantwortung

Warum es wichtig ist, dass Kinder und insbesondere Mädchen eine gute finanzielle Bildung bekommen, erklärt **DR. MARA HARVEY**, Gründerin und CEO von Smartwaytostart.com und CEO VP Bank Schweiz und Head Region Europa.

Frau Harvey, Sie setzen sich für die Finanzbildung, insbesondere bei Frauen und Mädchen, ein. Warum sehen Sie es als Ihre Verantwortung an, dieses Wissen zu vermitteln?

Wenn vor allem Frauen von Altersarmut bedroht sind, liegt das auch an ihrer falschen finanziellen Sozialisierung, deren Folgen sich über die Lebenszeit summieren. Das ändern zu wollen hat auch mit meiner eigenen Biografie zu tun. Obwohl ich selbst Volkswirtin bin und seit vielen Jahren in der Finanzindustrie arbeite, hat der Begriff „Investment" für mich zu lange keine Rolle gespielt. Mir fehlten in jungen Jahren die richtigen Vorbilder. Jedes Mädchen sollte heute mit dem Wissen aufwachsen, dass es wichtig ist, etwas von Geld zu verstehen.

Welche Verantwortung tragen Eltern und Bildungseinrichtungen in diesem Zusammenhang?

Sicherlich tragen auch Schulen zur finanziellen Bildung bei, aber die entscheidende Rolle spielen Eltern. Studien zeigen, dass Kinder bis zum Alter von sieben Jahren ihr Verhältnis zu Geld entwickeln. Dabei geht es auch um das Emotionale: Ob Geld im Elternhaus ein Stressfaktor ist oder ob es positiv besetzt ist, prägt die Kinder schon im frühen Alter für ihr Leben.

Wie tragen Ihre Projekte und Initiativen zur Financial Literacy dazu bei, verantwortungsbewusste finanzielle Entscheidungen in der Gesellschaft zu fördern?

Kinder sind neugierig, und das sollten wir nutzen. Wir sollten sie dazu animieren, zu fragen, woher das Geld kommt und wohin es geht. Denn Geld wird eingesetzt, um damit gute und schlechte Dinge zu tun. Gerade im Hinblick auf die 17 Ziele für nachhaltige Entwicklung der Vereinten Nationen sollten Kinder mit dem Bewusstsein aufwachsen, dass ihre finanziellen Entscheidungen einen Unterschied machen können.

Radikalität

Seine Ausbildung absolvierte **MAX KUGEL** im Betrieb seines Vaters, der in der Heimatstadt Lahnstein in Rheinland-Pfalz eine traditionelle Bäckerei führte. Doch statt den Familienbetrieb zu übernehmen, zog er in die Welt, um herauszufinden, wie man das beste Brot backt und das Bäckerhandwerk neu definieren kann. 2017 eröffnete er in der Bonner Südstadt seine Bäckerei mit nur zehn Sorten Brot. Keine Brötchen, keine Teilchen, keine Vorbestellungen und nur an fünf Tagen die Woche ab 10 Uhr geöffnet. Ein radikaler Ansatz in einer Zeit, in der es den Menschen vermeintlich vor allem darum geht, aus einem möglichst großen Angebot wählen zu können. „Nur dieses eine Produkt zur Perfektion zu bringen, ist es, was mich jeden Tag aufs Neue antreibt", sagt Max Kugel. „Vielleicht leisten wir einen entscheidenden Beitrag, das Bäckerhandwerk zu revolutionieren!" Wurde die kleine Bäckerei anfangs noch skeptisch beäugt, gibt der Erfolg ihm schon längst recht – teilweise stehen die Menschen Schlange bis zur nächsten Straßenecke, um „Heinz" oder „Aschauer" zu kaufen.

2023 veröffentlichte Max Kugel sein erstes Buch „Wie ich auszog, um mein Handwerk zu retten". Da Skalierung für ihn nicht der Weg für Qualität im Handwerk ist, verkleinerte er seit 2024 sein Sortiment um 50 Prozent und reduzierte die Öffnungszeiten weiter, um jungen Menschen ein realistisches und zukunftsorientiertes Modell der Selbstständigkeit vorzuleben.

Flexibilität

2005 platzte für Olivier Bernhard ein Lebenstraum: Der Schweizer Weltklasseläufer wollte seine Karriere mit einem Topresultat beim Ironman Hawaii beenden – doch Probleme mit der Achillessehne zwangen ihn zum Rücktritt vom Spitzensport. Das Thema Laufen aus seinem Leben streichen? Das kam für den dreifachen Familienvater nicht infrage. Gemeinsam mit einem ETH-Ingenieur begann er mit Gartenschlauchstücken zu experimentieren, die er an die Laufsohle eines Prototyps klebte – eine völlig neue Sohlenkonstruktion für Laufschuhe war somit geboren. Zusammen mit seinen Freunden Caspar Coppetti und David Allemann gründete er 2010 die Firma **ON**. Heute nimmt es der Zürcher Laufschuhhersteller mit den Großen der Branche auf. Der Schlüssel zum Erfolg liegt in einem Wort: Flexibilität. Das zeigt sich nicht nur im Produktdesign – dank der speziellen CloudTec®-Technologie passt sich der Schuh dem individuellen Laufstil an, sondern auch in der Unternehmenskultur. On reagiert agil auf Markttrends und Kundenanforderungen und forscht mit einem Team aus Wissenschaftlern und Technikern ständig an neuen

Technologien. Längst sind die Laufschuhe von On nicht nur an den Füßen von Profisportlern zu finden, sondern haben auch die breite Masse der Freizeitläufer und Sneakerträger überzeugt. Diese neue große Zielgruppe anzunehmen erforderte ein großes Maß an Flexibilität. Auch für die Zukunft zeigt sich das On-Team offen für Neues: Während der Fokus weiterhin auf dem Thema Running liegen soll, will On seine Präsenz im Tennissport verstärken. Vielleicht kommt dieser Impuls ja von Tennisstar Roger Federer, der seit 2019 als Investor an Bord ist?

Kreativität

Er hat die Filmwelt des 20. Jahrhunderts umgekrempelt und den Zeichentrickfilm perfektioniert: Walter Elias Disney – kurz **WALT DISNEY** – entdeckte schon als Kind seine Lust am Zeichnen und war als Jugendlicher davon überzeugt, mit Trickfilmen Geld verdienen zu können. Nach einigen Stationen – selbstständig und als Angestellter – gründete er 1923, zusammen mit seinem Bruder Roy und dem Zeichner Ub Iwerks, die Walt Disney Company. Nachdem es zunächst eher schleppend anlief, war es Walt Disneys Kreativität, die alles änderte. Auf einer Zugfahrt kam ihm die Idee zu Mickey Mouse, die 1928 in „Plane Crazy" ihren ersten Stummfilm-Auftritt hatte. Von da an konzentrierte Walt Disney sich ausschließlich auf den kreativen Part in seinem Unternehmen, und das verhalf Disney zu zahllosen Erfolgen: Bambi, Pinocchio und viele mehr sind weltweit bekannt, „Schneewittchen und die sieben Zwerge" ging 1938 als erster abendfüllender Zeichentrickfilm in die Geschichte ein. 1955 erfüllte er sich mit der Eröffnung des weltweit ersten Disneylands in Kalifornien einen weiteren Traum. Übrigens: Nach Walt Disney hat der Autor und Coach Robert Dilts sogar eine weitverbreitete Kreativitätsmethode benannt. Diese beruht darauf, ein Problem aus drei verschiedenen Blickwinkeln zu betrachten – aus der des Träumers, der des Realisten und der des Kritikers.

Mut und Entschlossenheit

Skifahren, Surfen, Berge besteigen, die Welt bereisen – all das hat sich **HABEN GIRMA** hart erkämpft. Denn die Amerikanerin mit eritreisch-äthiopischen Wurzeln ist taubblind. Weil sie als Kleinkind teilweise hören und sehen konnte, lernte sie sprechen. Heute setzt sich die 35-Jährige mit ihrer Stimme für mehr Chancengleichheit von Menschen mit Behinderungen ein. Auch sie musste ihr Leben lang gegen Vorurteile ankämpfen – in einer Welt, die vor allem für Sehende und Hörende gemacht ist. Doch ihre Entschlossenheit ließ sie alle Hürden überwinden: Als erste taubblinde Studentin schloss sie 2013 ihr Jurastudium an der Eliteuniversität Harvard ab, wurde vom Forbes-Magazin zu einer der „30 unter 30" gekürt und sogar vom damaligen US-Präsidenten Barack Obama ins Weiße Haus eingeladen. Für Haben Girma ist Behinderung inzwischen eine Chance für Innovation. Was das genau bedeuten kann, zeigt sie anhand einer eigenen Erfindung: Um mit ihren Mitmenschen kommunizieren zu können, kam sie auf die Idee, eine Computertastatur mit ihrem Braille-Notizgerät zu verbinden. So kann sie die Worte, die ihr Gegenüber tippt, in Echtzeit über die Blindenschrift lesen. Als eine „Inspiration" möchte die Anwältin und Autorin dennoch nicht verstanden werden – viel lieber ist es ihr, wenn die Bewunderung für ihren Lebensweg auch andere dazu ermutigt, sich für die Barrierefreiheit aller Menschen mit Behinderungen einzusetzen.

Neugierde

„Das ist unglaublich", sagte **KATALIN KARIKÓ** im Oktober 2023 in einer ersten Reaktion auf die Nachricht, dass ihr der Nobelpreis für Medizin verliehen wird. Für ihre Forschungen zu mRNA-Impfstoffen erhielt sie gemeinsam mit dem Amerikaner Drew Weissman die höchste wissenschaftliche Auszeichnung. Katalin Karikó ist ein Paradebeispiel dafür, was die Kraft der Neugier bewirken kann. 1955 in Ungarn geboren und in bescheidenen Verhältnissen aufgewachsen, interessierte sie sich schon als Kind für die Natur und biologische Zusammenhänge. Nach ihrem Biologiestudium legte sie sich früh auf das Forschungsgebiet der Ribonukleinsäure (RNA) fest.

Ihre Vision: Mithilfe der mRNA (Boten-RNA), kurz gesagt einem wichtigen Informations- und Funktionsträger einer Zelle, soll der Körper seine eigene Medizin bilden – zum Beispiel gegen Krebs oder Erbkrankheiten. Doch das Potenzial ihrer Forschung erkannten lange Zeit nur wenige: Die Forschungsgelder in ihrem Labor in Ungarn versiegten, mühsam musste sich Katalin Karikó in den USA eine neue Existenz aufbauen. Auch wenn sich die längste Zeit ihrer inzwischen mehr als 40-jährigen Karriere kaum jemand für ihr Forschungsthema interessierte, glaubte sie weiter an den Nutzen der mRNA für die Medizin. Zu Recht – denn mit dem Ausbruch der Corona-Pandemie im Jahr 2020 rückten ihre Entdeckungen schlagartig ins Scheinwerferlicht und ermöglichten die schnelle Entwicklung wirksamer RNA-Impfstoffe gegen Covid-19. Schlussendlich zeigt uns Katalin Karikó, dass Neugier, gepaart mit Durchhaltevermögen, eine Lebenseinstellung ist, die die Welt verändern kann.

Qualität

Seit 1845 ist die sächsische Kleinstadt Glashütte der Standort für hochpräzise mechanische Uhren aus Deutschland. Inzwischen genießt die traditionsreiche Uhrmacherkunst des Ortes gesetzlichen Herkunftsschutz. Für die Bezeichnung „Glashütter Uhr“ muss ein Hersteller mindestens 50 Prozent der Wertschöpfung am Kaliber, also am Uhrwerk, in der Region erbringen.

NOMOS GLASHÜTTE erfüllt diese Vorgaben locker – die Uhrwerke des 1990 gegründeten Unternehmens entstehen bis zu 95 Prozent in der eigenen Manufaktur. Mit großem Aufwand werden die zahlreichen Teile der elf eigenen Kaliber konstruiert, gefertigt und verfeinert, und zwar überwiegend in Handarbeit. Nur dort, wo Hightech noch präziser ist, dort, wo es um tausendstel Millimeter geht, werden Maschinen verwendet. Der Inbegriff von Qualität ist bei einer mechanischen Uhr die sogenannte „Hemmung“. Diese Baugruppe entscheidet über die Ganggenauigkeit einer Uhr, sie ist ihr Herzstück und kompliziertester Bestandteil. NOMOS Glashütte erregte in der Welt der Uhrmanufakturen großes Aufsehen, als das Unternehmen 2014 bekanntgab, mit dem „NOMOS-Swing-System“ eine komplett eigene Hemmung entwickelt zu haben. Sieben Jahre und elf Millionen Euro hat diese technische Meisterleistung gekostet. Die Kunden und Kundinnen von NOMOS Glashütte schätzen die hohen Qualitätsansprüche – das unabhängige Unternehmen floriert.

Übrigens: Die Unruhspirale ist ein Superlativ der Uhrmacherei – etwa viermal dünner als ein menschliches Haar und nur 0,002 Gramm schwer. Läuft das Uhrwerk ein Jahr lang ununterbrochen, so hat sich die Unruhspirale mehr als 200 Millionen Mal ausgedehnt und wieder zusammengezogen.

Know-how

Angefangen hat alles 1923 in einer Garage in Stuttgart-West. Damals kaufte Christian Trumpf die Julius Geiger GmbH – ein Unternehmen, das biegsame Wellen herstellte, mit denen zum Beispiel Zahnarztbohrer und Druckmaschinen angetrieben wurden. Heute, gut 100 Jahre später, ist daraus **TRUMPF,** eines der weltweit führenden Unternehmen für Werkzeugmaschinen und Lasertechnik, geworden. Um die industrielle Welt von morgen mitzugestalten, setzt Trumpf auf den Know-how-Transfer aus Wissenschaft und Forschung. So arbeitet das Unternehmen im Rahmen nationaler und europäischer Förderprogramme gemeinsam mit Instituten an Zukunftsthemen wie Elektromobilität, Quantentechnologie und Künstlicher Intelligenz. Aber nicht nur durch Kooperationen, auch durch direkte Unterstützung leistet Trumpf einen Beitrag für die Wissenschaft: Die Lasertechnologie des Unternehmens wird weltweit von Universitäten und Forschungseinrichtungen für verschiedene Projekte genutzt. So steht beispielsweise ein Laser von Trumpf im höchstgelegenen Labor Deutschlands – im Schneefernerhaus auf der Zugspitze – und wird dort für atmosphärische Messungen zur Wetter- und Klimaforschung eingesetzt. Wie wichtig das Thema Knowhow für das Familienunternehmen ist, zeigt auch ein Blick auf die Forschungs- und Entwicklungsausgaben: Allein im Geschäftsjahr 2022/2023 betrugen diese 476 Millionen Euro – mehr als 10 Prozent des Konzernumsatzes.

Resilienz

Seit rund 60 Jahren ist er seiner Partei, der SPD, verbunden. Er fühlt sich als Saarländer ebenso wie als Europäer. **REINHARD KLIMMT** war Ministerpräsident des Saarlands und für kurze Zeit Bundesminister für Verkehr, Bau- und Wohnungswesen. Im Interview spricht er über seine Werte und zeigt auf, warum ihn Rückschläge in der Karriere nie beirrt, sondern über die Jahre widerstandsfähig gemacht haben.

Herr Klimmt, was verbinden Sie persönlich mit dem Begriff „Day One"?

Aktuell denke ich da zunächst an meine Arbeit als Buchhändler. Die Mitarbeitenden müssen Freude an ihrer Tätigkeit haben und diese Freude auch die Kunden spüren lassen. Unser Ziel ist es, jeden Tag aufs Neue zu schauen, welche Titel wir in unser Sortiment aufnehmen wollen, um unsere Kundschaft, die wir sehr genau kennen, neu zu begeistern, gerne aber auch zu überraschen. Wir handeln mit neuen und antiquarischen Büchern, da geht es nicht um Automatismen und Dauerbestellungen, sondern darum, eine Auswahl zu treffen, in der sich unsere Qualitätsvorstellung mit der unserer Kunden trifft. Aber zum Day-One-Spirit gehört auch, das Ziel nicht aus den Augen zu verlieren, denn Rückschläge, Schwierigkeiten und Widerstände gehören nun mal auch zu unserem Geschäft und zum Leben.

Auf welche Arten von Widerständen beziehen Sie sich da?

Ich habe gerade einen Beitrag für eine Festschrift zum Thema 120 Jahre SPD im Saarland verfasst – die Partei ist ein gutes Beispiel für den Umgang mit Widerständen, für die Ausbildung von Resilienz, um den Spirit der Partei lebendig zu halten. An den Grundwerten – Freiheit, Gerechtigkeit und Solidarität – wurde immer festgehalten. Aber wir haben auch dazugelernt: Ohne Nachhaltigkeit würden diese Werte und die Ziele scheitern. Kontroversen und Diskussionen innerhalb der Partei haben zur Erneuerung beigetragen, die Basis weiter gefestigt und die Grundmelodie lebendig gehalten. Diese Entwicklung von innerer Stärke, trotz oder gerade wegen äußerer Einflüsse, das gilt für meine Partei, und ich denke auch für mich.

Was sind die Visionen und Ziele, für die Sie sich einsetzen? Und an welchen Stellen spielte diese Widerstandsfähigkeit auch für Sie persönlich eine Rolle?

Ich habe mich mit Anfang 20 für die SPD entschieden und war dann in den verschiedensten Funktionen tätig. Als Juso-Landesvorsitzender habe ich die Interessen meines Verbandes durchgesetzt, für mehr Umweltschutz und soziale Gerechtigkeit gekämpft. Als Ministerpräsident war meine Rolle eine andere: Ich habe mein Amt immer so begriffen, dass ich für alle da sein wollte, nicht nur für die, die mich gewählt hatten. Dieser Ansatz erforderte die Fähigkeit, den richtigen Grat zu finden zwischen dem Vertreten der eigenen Interessen und dem Einbinden aller Bürgerinnen und Bürger. In der Politik geht es am Ende aber auch ums „Verkaufen": Man hat ein Produkt und man muss es den Bürgern nahebringen, und das geht nur, wenn du selbst davon überzeugt bist – ganz gleich, was die anderen sagen.

Sie haben persönlich in Ihrer Karriere einige Rückschläge einstecken müssen. Wie sind Sie damit umgegangen?

Ich habe die Saarlandwahl 1999 knapp gegen den CDU-Kandidaten Peter Müller verloren, der mich dann als Ministerpräsident beerbte. Kurz darauf ereilte mich ein weiterer Rückschlag, der rückblickend vermeidbar gewesen wäre – hätte ich nicht auf vermeintliche Experten vertraut und die fraglichen Sponsorenverträge beim FC Saarbrücken nicht unterschrieben. Fakt ist: Ich bin kurz nach meiner Berufung als Verkehrsminister zurückgetreten. Trotzdem hadere ich nicht mit diesen Rückschlägen. Scheitern ist in Ordnung, wenn man für Sachen gekämpft hat, an die man glaubt. Es waren diese Situationen in meinem Leben, die mir gezeigt haben, dass ich nach vorne schauen und neue Herausforderungen suchen muss. Inzwischen schreibe ich Bücher, bin Vorsitzender des Deutschen Bibliotheksverbandes im Saarland, des Kulturvereins in Burbach und der Kuratorien der Studienstiftung Saar und der Stiftung Demokratie. Kurzum: In den Ehrenämtern arbeite ich für all die Ziele weiter, für die ich mich vorher in den politischen Funktionen eingesetzt habe. Wäre immer alles glatt gelaufen, wäre ich vielleicht nicht da, wo ich heute bin.

„Menschen folgen Menschen“

Simone Carstens leitet das Operative Geschäft & Finanzen bei der Deutsche Telekom Privatkunden-Vertrieb GmbH – mit über 1.000 eigenen und Partner-Shops und dem Direktvertrieb „Door to Door“. Um zu wissen, was ihre Mannschaft bewegt, ist sie viel unterwegs. Wir haben sie bei ihrem Besuch im Telekom Shop in Düren begleitet.

Larissa Steiner, Christos Stamoulis und Simone Carstens (v. l.)

„Darf ich Sie zu mir bitten? Wir schauen uns Ihren Vertrag mal gemeinsam an.“ Es ist Dienstagmorgen, 10.00 Uhr. Im Dürener Shop ist schon einiges los: Kurze Rechnungsfragen, Probleme mit dem Internet, Beratungen zu Neuverträgen – die Anliegen der am Vormittag vor allem älteren Kundschaft sind vielfältig.

Shopmitarbeiterin Larissa Steiner begleitet die Kundin zu ihrem Beratungsplatz, lange musste sie nicht warten, aber über den angebotenen Kaffee ihres „Welcome Managers“ hat sie sich dennoch gefreut.

„Wie kommt der Welcome Manager bei der Kundschaft an?“, fragt Simone Carstens. „Unsere Kundschaft ist begeistert, sollte es zu Wartezeiten kommen, fühlen sie sich trotzdem abgeholt“, sagt Shopleiter Christos Stamoulis. „Und auch den Mitarbeitenden hilft der Welcome Manager.“

Er wird in größeren Shops eingesetzt, um Kundinnen und Kunden direkt in Empfang zu nehmen. So begrüßt auch hier in Düren die Welcome Managerin alle Kundinnen und Kunden an einem kleinen Tresen.

„Wenn wir Kunden zu Fans machen wollen, müssen sie sich bei uns wohlfühlen. Dafür müssen wir mit unserem Day-One-Spirit jeden Tag aufs Neue sorgen.“

„Wenn wir Kunden zu Fans machen wollen, müssen sie sich bei uns wohlfühlen. Dafür müssen wir mit unserem Day-One-Spirit jeden Tag aufs Neue sorgen. Und das beginnt beim Betreten des Shops“, erklärt Simone Carstens. „Wir notieren ihren Namen, fragen nach ihrem Anliegen und bieten ihnen einen Kaffee an. Über ein IT-Tool können wir sie sozusagen ‚einchecken‘, dann ist klar, wer wann an der Reihe ist, und das Tool hilft uns im Anschluss, bundesweit zu schauen, ob wir mit den Wartezeiten zufrieden sein können oder ob wir Prozesse optimieren müssen.“ Auch Christos Stamoulis bestätigt: „Die Beraterinnen und Berater können die Kunden dann gleich mit ihrem Anliegen begrüßen, das macht viel aus.“

Am Puls der Kunden und Mitarbeitenden

Im August 2023 hat der Shop in der Wirtelstraße neu eröffnet, nur wenige hundert Meter vom alten Standort entfernt. „Unser neues Shopkonzept beinhaltet auch, dass wir die Laufwege der Stadtbesucher auswerten“, erklärt Simone Carstens. „Auch hier ist die neue Lage optimal, die Kundenfrequenz ist seit der Neueröffnung um 30 Prozent gestiegen.“ Und auch die Kennzahlen sind gut, Christos Stamoulis führt seinen Shop sehr erfolgreich. Dennoch ist er zunächst ein wenig aufgeregt, als Simone Carstens ihn bittet, sie durch den Shop zu führen. „Dass du heute hier zu uns kommst, finde ich richtig klasse“, sagt er. „Ich hoffe, du bist zufrieden.“

Simone Carstens geht es nicht darum, den Kolleginnen und Kollegen auf die Finger zu schauen, sondern zu unterstützen. „Ich möchte wissen, wie es bei euch läuft. Was braucht ihr? Wo können wir euch unterstützen, damit wir unsere Kunden zu Fans machen können? Nur durch euch können wir als Telekom der perfekte Gastgeber sein! Und da ist es wichtig, dass wir euch all das an die Hand geben, was ihr dafür benötigt.“

Als Christos Stamoulis sein Team vorstellt, fällt Simone Carstens gleich auf: „Es freut mich sehr, zu sehen, dass dein Team so vielfältig ist.“ Simone Carstens legt gro-

Simone Carstens

Die 1982 in Wuppertal geborene Simone Carstens ist seit April 2023 als Geschäftsführerin Operatives Geschäft & Finanzen bei der Deutsche Telekom Privatkunden-Vertrieb GmbH (PVG) tätig, einer Tochtergesellschaft der Telekom Deutschland, die die Kanäle stationärer Handel, den Handel über Partner und den Direktvertrieb „Door-to-Door“ umfasst. Zur Telekom kam sie 2017 und wurde dann 2021 Geschäftsführerin des Finanzbereichs der PVG, seit April 2023 hat sie nun eine Doppelrolle als CFO und COO inne. Seit Januar 2022 ist sie Aufsichtsrätin der Deutsche Telekom Service GmbH. Simone Carstens setzt sich kontinuierlich für die Themen Diversität, Gleichberechtigung und mehr weibliche Gründerinnen ein. LinkedIn hat ihr im Dezember 2023 die Auszeichnung „Top Leadership Voice“ verliehen. Ebenso wurde sie unter die 200 einflussreichsten deutschen Persönlichkeiten auf LinkedIn gewählt. In der Kategorie „Diversity & Inclusion at Work Germany“ belegt sie Platz 1. Die Mutter von zwei Kindern lebt in Bonn.

ßen Wert auf Diversität in ihren Teams: „Geschlecht, Alter, kultureller Hintergrund – nur wenn wir ebenso divers wie unsere Kundinnen und Kunden sind, können wir ihren Bedürfnissen entsprechen."

Finanzen und Betrieb – zwei vereinbare Perspektiven

In ihrer Doppelrolle als COO und CFO hat Simone Carstens neben dem Betrieb und den Innovationen immer auch die Finanzen im Blick. „Natürlich gehen mit Innovationen und operativen Belangen immer Kosten einher", sagt sie. „Da gilt es, Prioritäten zu setzen und immer wieder zu schauen, wo das vorhandene Budget sinnvoll im Sinne unserer Kundinnen und Kunden investiert werden kann."
Als Christos Stamoulis durch die Räumlichkeiten führt, spürt man, wie stolz er auf sein „kleines Unternehmen" ist, wie er seinen Shop nennt. Auf dem Weg in die erste Etage passieren wir eine kreativ gestaltete Wand, die Besonderheiten des Standorts zeigt, unter anderem den Wochenmarkt, das Dürener Papiermuseum. Dieses „Local Hero"-Prinzip sorgt für ein heimeliges Gefühl, die vielen Grünpflanzen und nachhaltige Materialien kreieren zusätzliche Gemütlichkeit. „Gerade das Thema Nachhaltigkeit ist ein Thema, das dem Konzern und uns am Herzen liegt", sagt Simone Carstens. „Aus tiefster Überzeugung."
In der ersten Etage ist nun viel Platz für Beratungen und Veranstaltungen, die sich speziell an Geschäftskunden richten. „Ihr wisst am besten, was eure Kunden wünschen, dann könnt ihr flexibel reagieren und dementsprechend handeln." Christos Stamoulis hat noch einen Wunsch: „Was mir sehr helfen würde, wäre ein zentraler Ansprechpartner, der uns bei organisatorischen Dingen wie der Konzeption von Workshops unterstützt." „Das nehme ich gerne mit", sagt Simone Carstens und notiert sich den Punkt. „Diese kontinuierlichen Verbesserungen sind Teil der Day-One-Mentalität in unseren Shops. Wir alle hinterfragen unser Tun ständig, um immer besser zu werden."

Fachwissen und Empathie

Ob es sonst noch etwas gebe, was dem Team vor Ort helfen würde, fragt sie. Christos Stamoulis und Simone Carstens sprechen eingehend über das Thema Qualifizierung. Der Shopleiter ist absolut zufrieden mit den Angeboten. Die Schulungen werden für alle Mitarbeitenden

„Wir hinterfragen unser Tun ständig, um immer besser zu werden."

zentral bereitgestellt, Fachwissen ist und bleibt essenziell. „Das Know-how der Mitarbeitenden, unterstützt mit innovativen digitalen Tools, kombiniert mit Empathie, macht im Vertrieb den Unterschied und begeistert unsere Kundinnen und Kunden", ist Simone Carstens überzeugt.
Inzwischen nähert sich die Mittagszeit: „Wenn es etwas ruhiger ist, nutze ich die Gelegenheit für sogenannte ‚Quick-Feedbacks' und gebe meinen Mitarbeitenden mit, was mir im Arbeitsalltag auffällt", berichtet Christos Stamoulis. Simone Carstens begrüßt das: „Feedback ist wichtig – für neue Mitarbeitende ebenso wie für erfahrenere Kolleginnen und Kollegen. Denn bei aller Fachlichkeit, die wir vermitteln: Menschen folgen Menschen und so müssen wir uns alle jeden Tag fragen, ob wir wirklich der perfekte Gastgeber sind und unsere Gäste

in den Mittelpunkt stellen." Bei ihren Besuchen ist es Simone Carstens besonders wichtig, zu schauen, was sie für die Mitarbeitenden tun kann. Sie hat sich einige Punkte notiert, zu denen sie sich kurzfristig bei Christos Stamoulis melden wird. Und natürlich hat sie vor Ort auch immer im Blick, wo Prozesse gegebenenfalls noch verbessert werden können, um sie effizienter für Mitarbeitende und Kunden zu machen.
„Für uns war dein Besuch etwas Besonderes", sagt er. Und Simone Carstens schließt sich da gerne an: „Für mich ebenso. Danke euch! Ihr macht einen großartigen Job – jeden Tag aufs Neue!"

„Wir wollen Kunden Erlebnisse bieten"

Im Frühjahr 2023 eröffnete die Telekom in Hamburg ihren europaweit größten Shop – die Kundinnen und Kunden sollen sich auf den mehr als 850 Quadratmetern Verkaufsfläche wohlfühlen wie bei Freunden. War das gewagt in einer Zeit, in der viele Unternehmen ihre Filialen schließen? Karin Kranz, zuständig für die Immobilien und das Design der Telekom Shops, spricht darüber, wie ihr Geschäft darauf einzahlt, Kunden wie Mitarbeitende zu begeistern.

Für die Kundinnen und Kunden wollen Sie als Unternehmen der perfekte Gastgeber sein. Wodurch zeichnet sich dieser denn aus?

Unser Ziel ist es, dass sich Kundinnen und Kunden bei uns gut aufgehoben und wohl fühlen. Dieses Gefühl spielt eine zentrale Rolle im Kundenerlebnis und beeinflusst maßgeblich die Entscheidung, ob eine Kundin oder ein Kunde wiederkommt. Dafür braucht es natürlich das perfekte Produkt und die auf die Kundinnen und Kunden zugeschnittene Dienstleistung, aber noch mehr als das: Es braucht eine einladende Atmosphäre, in der sich Kundinnen und Kunden wie Gäste fühlen, die immer wieder gerne vorbeischauen, um individuelle Lösungen rund um die digitale Teilhabe zu entdecken.

Sie haben Ihr Shopkonzept in einer Zeit auf ganz neue Beine gestellt, in der der stationäre Handel generell nicht gerade boomt. Woher kommt dieser Mut?

Kunden erwarten bei ihrem Besuch im Einzelhandel, dass sie Produkte ausprobieren können und inspiriert werden. Dafür braucht es Platz. Gerade deswegen war es notwendig, ein neues Konzept zu entwerfen – für Shops, in denen Dinge erlebbar sind und Besuche zu Begegnungen werden. Hierfür kooperieren wir mit

Partnern, die das Erlebnis der Kunden noch spannender machen. Ein gutes Beispiel ist der Audioprodukte-Hersteller Teufel, der das Audioerlebnis von Magenta TV in eine andere Dimension hebt. Das Unternehmen passt gut zu uns und sorgt für die Erschließung zusätzlicher Kundenfrequenz und Umsatzpotenziale.

Wie haben Sie denn die Bedürfnisse Ihrer Kunden – und auch die Ihrer Mitarbeitenden – ermittelt, als Sie mit der Entwicklung des neuen Shopkonzepts begonnen haben?

In Bezug auf die Kunden haben wir Fokusgruppen gebildet und auch an unseren Pilotstandorten immer wieder analysiert, was ankommt und was nicht, bevor wir Innovationen skalieren.

Und ohne die Partizipation der Mitarbeitenden wären wir sowieso nie da, wo wir heute sind. Die Kolleginnen und Kollegen, die in den Shops arbeiten, sind diejenigen, die wissen, was sie brauchen und welche Bedürfnisse ihre Kunden haben.

Im April 2023 eröffnete in Hamburg Europas größter Telekom Shop. Unverkennbar ist das „Local Hero“-Prinzip. Die Gäste, wie die Kundinnen und Kunden hier genannt werden, sollen sich wohlfühlen und „ihre“ Stadt im Shop spüren: Der Küchentresen besteht aus Altholz aus dem Hamburger Hafen, Containerbleche wurden ebenso als Materialien eingesetzt, über der Kaffeebar hängen Lampen in Form von kreisenden Möwen.

Das reicht von Fragen der Zonierung – also wo im Shop welche Bereiche sinnvoll sind – über die lokal gestaltete Dekoration bis hin zur Anzahl von Stühlen, Sesseln und Hockern.

Day One ist der Spirit, der die Mitarbeitenden im Telekom-Bereich Sales & Service nach vorne bringen soll. Wie viel Day One steckt denn in den neuen Stores?

Wir haben vier relevante Säulen im Shopkonzept, die wir im Sinne einer Day-One-Haltung kontinuierlich infrage stellen, weiterentwickeln und verbessern: Design, Produkterlebnis, Service & Beratung und Digitalisierung.

Bei der agilen Weiterentwicklung sind wir im kontinuierlichen Austausch mit den Verkaufsteams vor Ort, aber auch mit Unternehmen wie Mini, Puma oder Boss, da auch sie Filialbetriebe mit ähnlicher Aufgabenstellung haben wie wir. All das triggert den ständigen Day-One-Modus.

Unsere Shops, nicht nur der Hamburger Shop, haben schon zahlreiche externe Auszeichnungen erhalten. Wir könnten jetzt sagen: Das Konzept scheint anzukommen, wir skalieren die erfolgreichsten Neuheiten aktuell bundesweit in unsere Shops und bei unseren Handelspartnern. Doch wir ruhen uns nicht auf unseren Erfolgen aus. Die nächsten Innovationen sind immer schon in der Entwicklung – der Flagship-Store in Düsseldorf, den wir als Nächstes bauen, wird dies zeigen.

Karin Kranz

Als Leiterin Retail Immobilien & Design bei der Deutsche Telekom Privatkunden-Vertrieb GmbH ist Karin Kranz für die Anmietung, den Ladenbau und das technische und infrastrukturelle Betreiben von circa 1.000 Shops in Deutschland verantwortlich. Bevor sie 2012 zur Telekom kam, war sie in vergleichbaren Retail-Marketing-Funktionen für die Debitel AG in Stuttgart und für Apple Deutschland tätig. Wenn sie privat im stationären Handel unterwegs ist, ist es die Kombination aus Inspiration und guter Beratung, die für sie persönlich der Differenzierer zum Onlinehandel ist: „Ich möchte Dinge erleben und eine Beratung erfahren, die über die eines noch so guten Chatbots hinausgeht“, sagt sie.

Jeden Tag ein bisschen auffallen

Nach jeder Bundestagswahl erleben viele neu gewählte Mitglieder des Bundestags ihren Day One im neuen Amt. Peter Dausend ist politischer Korrespondent und Kolumnist für „Die Zeit“. Im Laufe seiner Karriere hat er viele von ihnen einziehen sehen und ihre ersten Tage beobachtet. Er spricht darüber, was diejenigen Bundestagsabgeordneten auszeichnet, die dauerhaft von sich reden machen. Sein Fazit: „Natürlich bedarf es einer gewissen fachlichen Kompetenz. Aber um nach vier Jahren wiedergewählt zu werden, musst du nach dem Day One viele weitere erste Tage kreieren, die dich in den Augen der Presse zu etwas Besonderem machen.“

An ihrem ersten Tag im Bundestag haben die frisch gewählten Abgeordneten das mögliche Ende bereits vor Augen: In vier Jahren wird wieder gewählt. Die meisten Neulinge sind beseelt von der Vorstellung, die Welt fortan nach ihren politischen Überzeugungen mitformen, verändern zu können. Dieser Veränderungswille hat sie dorthin gebracht, wo sie nun sind. Doch sie merken schnell, dass er nicht ausreicht, um das Ziel der Wiederwahl zu realisieren. Zwei Dinge sind von nun an zentral: dass man auffällt. Und dass man die Mechanismen des politischen Betriebs für sich zu nutzen weiß. Das funktioniert am besten, wenn man bis zur nächsten Wahl viele neue erste Tage kreiert.

Ralph Brinkhaus, der neun Jahre später zum Vorsitzenden der CDU/CSU-Fraktion aufsteigen wird, sitzt im Herbst 2009, an seinem ersten Tag als gewählter Abgeordneter, im Plenarsaal des Bundestages, starrt den großen Adler hinter dem Präsidium an und denkt: „Das ist jetzt ein Traum." Er weiß aber auch, dass er schnell daraus aufwachen muss.

Josephine Ortleb hat bei der Bundestagswahl 2017 überraschend den Wahlkreis 296, Saarbrücken, für die SPD gewonnen. An ihrem ersten Arbeitstag in Berlin erfährt die Neue, dass sie ihren Platz im Familienausschuss, den sie sich schon Wochen zuvor gewünscht hatte, nicht bekommen wird. Die Fraktionsführung hat anders entschieden. Da greift Ortleb zum Telefon.

Bereits mit 27 Jahren darf Johannes Vogel den Zusatz MdB, Mitglied des Bundestags, hinter seinen Namen setzen – nach der Bundestagswahl 2009. Trotz seiner Jugend ist Vogel längst Profi. Zoff mit dem Parteivorsitzenden gehört für den Chef der Julis, dem FDP-Nachwuchs, zur Jobbeschreibung. An seinem ersten Tag als Abgeordneter trifft Vogel eine Entscheidung, die man eher vom Chef der Jusos erwartet hätte.

Demut, Respekt, Ehrfurcht – solche Begriffe fallen, wenn Kerstin Andreae von ihrem ersten Tag als Abgeordnete im Herbst 2002 erzählt. Aufgeregt sei sie gewesen. Andreae stammt aus Schramberg, einem 20.000-Einwohner-Städtchen im Mittleren Schwarzwald – und nun soll sie die Grünen im Deutschen Bundestag vertreten? Damals noch längst nicht der Profi wie Vogel, trifft sie eine ähnliche Entscheidung wie der FDP-Mann.

Netzwerke sind in der Politik die Steigbügel nach oben

Die Neulinge im Parlament bekommen, davon darf man ausgehen, sehr rasch eine Weisheit vermittelt, die man im Polit-Raumschiff Berlin-Mitte oft zu hören bekommt: „Mit Kompetenz allein ist hier noch niemand etwas geworden." Also müssen sie sich etwas einfallen lassen – das wäre dann ihr zweiter erster Tag.

Der Christdemokrat Ralph Brinkhaus, ein diplomierter Ökonom, lässt sich – nachdem er den Bundesadler im Plenarsaal lange genug angestarrt hat – einfallen, den Identitätskern der Union, die Finanz- und Wirtschaftspolitik, zu seinem Thema zu machen.

Da er aus Nordrhein-Westfalen stammt, wird Brinkhaus Mitglied der NRW-Landesgruppe; sie ist die mitgliederstärkste Gruppe in der Unionsfraktion. Brinkhaus baut sich hier so erfolgreich eine Hausmacht auf, dass er im September 2018 eine Kampfabstimmung um den Fraktionsvorsitz gegen den Merkel-Vertrauten Volker Kauder wagt – und gewinnt.

Die Sozialdemokratin Josephine Ortleb erreicht am anderen Ende der Leitung Elke Ferner, ihre Vorgängerin im Wahlkreis Saarbrücken. Als ehemalige Vorsitzende der AsF, der „Arbeitsgemeinschaft sozialdemokratischer Frauen“, ist Ferner eng vertraut mit der damaligen SPD-Fraktionschefin Andrea Nahles. Ortleb ist zudem der „Parlamentarischen Linken“ beigetreten, der einflussreichsten Strömung innerhalb der SPD-Fraktion. Auch mit deren Spitzen telefoniert sie. Bald darauf schon erhält sie einen zweiten Anruf von der Fraktionsführung: Es klappt doch mit dem Familienausschuss. Netzwerke, das weiß die Newcomerin nun, sind in der Politik die Steigbügel nach oben.

Auf dem Jungprofi Johannes Vogel liegt das wohlmeinende Auge des damaligen FDP-Chefs Guido Westerwelle. Eigentlich kann er sich einen jener Bundestagsausschüsse aussuchen, um die sich Liberale streiten, weil sie da die besten Aufstiegschancen wittern: Finanzen, Wirtschaft, Haushalt. Vogel entscheidet sich für Soziales. Jahre später wird er nicht nur ein Rentenmodell für die Ampel-Regierung entwickeln, sondern auch bei „Maybrit Illner“ am Tisch sitzen – als einziger Mann neben fünf Frauen. Mehr Auffallen geht kaum.

Kerstin Andreae fällt das mit dem Auffallen nicht schwer. Zu Beginn der Nullerjahre gehört sie zu den wenigen Grünen-Abgeordneten, die die Wirtschaft nicht zuerst als Gegner, sondern als Verhandlungspartner sehen. Das mag daran liegen, dass sie eine diplomierte Volkswirtin ist und aus dem Musterländle Baden-Württemberg stammt. Wie Vogel beschließt Andreae, den Weg wider die Kompetenzzuschreibung der eigenen Partei zu gehen – und wird Finanzexpertin.

„Sofortismus“ erschafft neue erste Tage am Fließband

Haben sie die Mechanismen des politischen Betriebs durchblickt, heißt es für die Abgeordneten, in jenem Licht der Öffentlichkeit zu bleiben, in das sie soeben getreten sind. Die Medien sind dazu der Schlüssel, die traditionellen wie die sozialen. „Im Wahlkreis ist die Währung einmal Tagesschau, acht Sekunden“, weiß der CDU-Mann Brinkhaus aus eigener Erfahrung. Mit Medienkompetenz kann man Aufmerksamkeit erzeugen, Themen setzen, groß rauskommen – ohne sie kann man untergehen. Anders formuliert: Wer als Bundestagsabgeordneter den Umgang mit den Medien beherrscht, kann aus jedem Tag einen Erfolgstag machen.

Josephine Ortleb macht sich, kaum im Bundestag angekommen, gleich eine ganze Palette von Selbstvermarktungsinstrumenten zunutze: Twitter, Facebook, Instagram, TikTok, LinkedIn, YouTube. Neuer Tag, neuer Tweet, neue Story, neue Aufmerksamkeit.

„Der erste Tag ist in der Politik Segen und Fluch zugleich."

Peter Dausend

In Saarbrücken studierte Peter Dausend Amerikanistik, Politikwissenschaft und Englische Philologie. Nach einem Volontariat an der Axel-Springer-Journalistenschule begann er 1994 in der Entwicklungsredaktion „Ergo" des Heinrich-Bauer-Verlags. Im Herbst 1995 wechselte er zur „Welt", wo er zunächst im Auslandsressort arbeitete. Seine Vorliebe für skurrile Orte konnte er 1998 ausleben, als er im Rahmen eines Arthur F. Burns-Stipendiums zur „Anchorage Daily News" nach Alaska ging. Von 1999 an schrieb Peter Dausend als Reporter für die „Seite 3" der „Welt". 2001 wechselte er ins Parlamentsbüro der „Welt" nach Berlin. Seit 2008 ist er politischer Korrespondent und Kolumnist der Wochenzeitung „Die Zeit" in Berlin. Seine Themenschwerpunkte sind Parteien, das Kanzleramt und die Sicherheitspolitik. Bundeskanzler Olaf Scholz hat er auf zahlreichen Auslandsreisen begleitet. Mit Elisabeth Niejahr zusammen hat er „Operation Röschen" geschrieben, eine Biografie über Ursula von der Leyen, und gemeinsam mit Horand Knaup „Alleiner kannst du gar nicht sein", ein Buch über das Leben der Abgeordneten zwischen Macht, Sucht und Angst. In seiner Freizeit entspannt Dausend im Kinosaal und am Herd – er ist ein leidenschaftlicher Koch.

Schon bald gehört sie zu den Abgeordneten mit den meisten „Freunden“ und „Followern“, die Fraktionsspitze bemerkt das, bei jeder internen Runde, bei der es um soziale Netzwerke geht, ist Ortleb fortan dabei. Bei der Bundestagswahl 2021 gewinnt die damals 34-Jährige ihren Wahlkreis erneut, dieses Mal deutlich – gegen die Ex-CDU-Bundesvorsitzende Annegret Kramp-Karrenbauer.

Seit Jahren bereits beschleunigt sich der politische Betrieb. Die Bundespolitik wird immer schneller, immer aufgeregter, immer unübersichtlicher. Auch, weil immer mehr neue Themen und immer mehr Bedrohliches auf die Abgeordneten einstürzen. Weltfinanz- und Weltwirtschaftskrise, Klimawandel, Migration, US-Präsident Donald Trump, russischer Angriffskrieg in der Ukraine, Energieknappheit, Künstliche Intelligenz, Umbau der Wirtschaft zur CO_2-Neutralität, Inflation, wirtschaftlicher Abschwung, Massaker in Nahost mit unabsehbaren Konsequenzen für die globale Sicherheit.

Von Abgeordneten wird erwartet, dass sie sich in allem auskennen, von den Spiegelstrichen des Finanzmarktstabilisierungsgesetzes bis zur Haltelinie beim Bundestariftreuegesetz. Ist die Künstliche Intelligenz Fluch oder Segen? Helfen Rückführabkommen mit Drittstaaten dabei, die Migration einzudämmen? Macht eine Mietpreisbremse Sinn und ein Industriestrompreis nicht – oder ist es eher umgekehrt? Zu allem und jedem wird eine Haltung erwartet und abgefragt. Die notwendige Präsenz auf sozialen Kanälen erfordert von modernen Politikern Dauerkommunikation und Ad-hoc-Erreichbarkeit. Dieser „Sofortismus“ erschafft neue erste Tage am Fließband – und der Wunsch nach Tag für Tag erneuerter Kreativität verwandelt sich in real erlebten Dauerstress.

Ergo: Jeden Tag als neuen ersten Tag zu verstehen, kann Abgeordneten dabei helfen, aufzusteigen. Jeden Tag als neuen ersten Tag zu erleben, saugt sie auf Dauer aus. Der erste Tag ist in der Politik also Segen und Fluch zugleich.

Es stimmt zwar, dass in der Politik mit Kompetenz allein noch niemand etwas geworden ist. Aber ganz ohne Kompetenz klappt es auch nicht. Der CDU-Mann Peter Hintze, bis zu seinem Tod 2016 einer der engsten Vertrauten Angela Merkels, pflegte Neuankömmlingen im Bundestag stets Folgendes mit auf den Weg zu geben: „Sie haben zwei Möglichkeiten – entweder Sie lassen sich auf die Irrenliste der Bild-Zeitung setzen, dann kriegen Sie immer einen Anruf, wenn die was brauchen. Sie werden dann auch schön zitiert, und jemand in Ihrem Wahlkreis freut sich, dass sein Abgeordneter in der Zeitung steht, die er liest. Oder Sie suchen sich ein Fachgebiet, arbeiten sich richtig gut ein, sodass es heißt: ‚Der Neue da, der kann was‘.“

Hintze riet immer zu Letzterem.

„Wir wollen eine Welt ohne

2016 begann ein Team aus Wissenschaftlern unter der Leitung von Gründer Dr. Jaroslaw Kutylowski mit der Arbeit an einer ersten Version des DeepL-Übersetzers. 2017 wurde dieser dann veröffentlicht, zunächst für sieben Sprachen. Heute kennt die Software mehr als 30 Sprachen, übersetzt laut zahlreicher Studien schneller, präziser und sicherer als die Konkurrenz. Jaroslaw Kutylowski spricht im Interview über seine Vision und darüber, warum er sich nie auf seinen Erfolgen ausruhen wird, seien sie noch so groß.

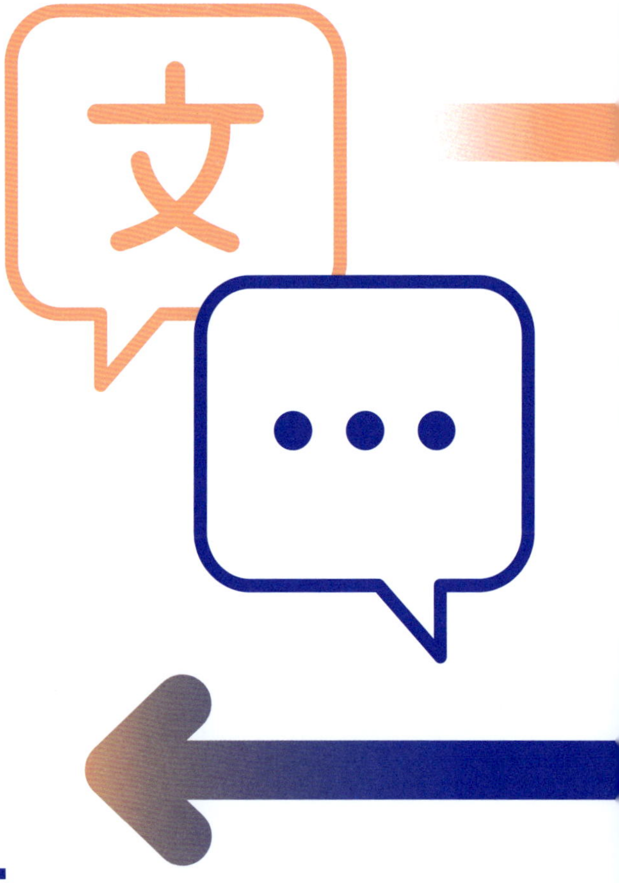

Sprachbarrieren“

Herr Kutylowski, was hat Sie dazu bewegt, DeepL zu gründen?

Ich bin als Kind mit meinen Eltern aus Polen nach Deutschland gekommen und war sozusagen ersten Grades von Sprachbarrieren betroffen: Zu Hause wurde polnisch gesprochen, in der Schule deutsch. Schon damals begann ich, Sachen zu programmieren, die mir direkt im Alltag helfen konnten – bei den Hausaufgaben zum Beispiel. Die Idee für DeepL kam natürlich wesentlich später, aber diese Erfahrungen haben mich zweifellos geprägt und auch die Gründung beeinflusst.

Wann wurde Ihre Vision dann konkreter und wie sah diese aus?

Die Vision war eigentlich von Anfang an klar und hat sich auch nicht verändert: eine Welt ohne Sprachbarrieren. Das mag zwar nach einem hochgesteckten Ziel klingen, aber im Grunde ist es genau das, was uns als DeepL ständig motiviert und antreibt. Wenn wir uns als Unternehmen immer wieder vor Augen führen, wofür wir tun, was wir tun, sind die nächsten Schritte ganz selbstverständlich, sinnvoll und umsetzbar. Auch mit der wahnsinnigen Entwicklung und dem starken Wachstum, das wir in den vergangenen Jahren erlebt haben, sind wir unseren Werten und der Mission immer treu geblieben, und es ist uns enorm wichtig, diesen Spirit auch beizubehalten.

Es gibt viele Wettbewerber in der Sprachtechnologiebranche – was unterscheidet DeepL von anderen Übersetzungsdiensten?

Besonders qualitativ haben wir unseren Wettbewerbern viel voraus. Unser Fokus liegt auf der Genauigkeit, denn präzise Kommunikation ist besonders im Business-Kontext entscheidend. So setzen vor allem Unternehmen für ihre Kommunikation auf DeepL – aus verschiedenen Gründen: Unsere Produktpalette ist skalierbar, sodass Unternehmen sich auch im Wachstum auf uns verlassen können. Sowohl DeepL Translate, die API als auch DeepL Write – ein KI-Schreibassistent, der dabei hilft, bessere Texte zu schreiben – liefern qualitativ hochwertige Ergebnisse in Echtzeit. Es ist uns gelungen, mit unserer Technologie die Messlatte in unserer Branche höher zu legen und einen Vorsprung in der KI-Innovation auszubauen. Das ist vor allem unserer Forschungsorientiertheit zuzuschreiben, denn wir legen Wert darauf, unsere Produkte sowie neue Technologien stetig weiterzuentwickeln. Wir investieren zum Beispiel kontinuierlich in die Erforschung und Verbesserung unserer neuronalen Netze, die solch präzise Übersetzungen überhaupt erst möglich machen. Wir profitieren also ungemein von unserer unternehmensgetriebenen Forschung.

Der Day-One-Spirit bezieht sich auf die Mentalität, immer den Pioniergeist eines Start-ups zu bewahren, selbst wenn das Unternehmen bereits etabliert ist. Wie lebt DeepL diesen Geist im Alltag?

Auch wenn wir inzwischen die Marke von 600 Mitarbeitenden geknackt haben, bemühen wir uns tatsächlich, diesen Spirit aufrechtzuerhalten. Ich glaube, das ist etwas ganz Besonderes und trägt unweigerlich zu unserem Erfolg bei. Ich bezeichne uns immer noch gerne als Start-up, obwohl wir das rein rechnerisch sicher nicht mehr sind. Im Unternehmen haben wir auch verschiedene Formate eingeführt, um den Innovations- und Pioniergeist unserer Mitarbeitenden zu fördern. Auch wenn viele von uns remote arbeiten, treffen wir uns regelmäßig persönlich zu Workshops oder Team-Events, um den bestmöglichen Austausch sicherzustellen. Es ist uns außerdem enorm wichtig, auf Augenhöhe zu arbeiten, wie man das auch an Tag eins tut, wenn es vielleicht nur fünf Mitarbeitende sind. Wir vertrauen einander und hören unseren Teams zu, jede Idee ist willkommen und wertvoll. Meistens kommen neue Mitarbeiterinnen und Mitarbeiter schon mit einer gewissen Begeisterung für das Produkt zu uns und diese wollen wir natürlich aufrechterhalten. Denn wer zu hundert Prozent hinter unserem Produkt und der Mission steht, bringt auch die Motivation mit, es zu optimieren und neue Wege zu gehen. Auch dadurch, dass wir ein forschendes Unternehmen sind, entsteht ein gewisses Bewusstsein, Teil von etwas zu sein, das sich stets weiterentwickelt.

DeepL wird als Übersetzungsprogramm mit der höchsten Qualität eingestuft. Besteht die Gefahr, sich auf diesem Erfolg auszuruhen? Wie motivieren Sie sich immer wieder aufs Neue?

Ausgeruht habe ich mich, glaube ich, seit fünf Jahren nicht, und gleiches gilt sicher auch für alle Kolleginnen und Kollegen bei DeepL. Ich würde behaupten, unsere Motivation lässt sich auf zwei Punkte zurückführen: zum einen auf den Wettbewerb – nur weil wir uns direkt zu Beginn gegen die Tech-Riesen behauptet und unsere Qualität unter Beweis gestellt haben, heißt das nicht, dass wir nicht noch besser werden wollen und müssen. Wir haben zwar einen gewissen Vorsprung, aber die Konkurrenz schläft nicht und das motiviert uns weiter zu forschen und uns zu optimieren. Hinzu kommt unsere Vision, die nun zur Mission geworden ist – eine Welt ohne Sprachbarrieren zu schaffen. Dieses Ziel haben wir noch nicht erreicht, es gibt nach wie vor viel zu tun und wir freuen uns schon auf den nächsten Meilenstein.

Dr. Jaroslaw Kutylowski

Er promovierte an der Universität Paderborn in Theoretischer Informatik, 2012 fing Jaroslaw Kutylowski als CTO beim Online-Wörterbuchdienst Linguee an. 2017 folgte die Gründung der DeepL GmbH, die laut eigenen Angaben und diverser Analysen die zurzeit weltweit besten maschinellen Übersetzungen anbietet. Seit der Gründung ist er Geschäftsführer des Unternehmens mit Sitz in Köln, das es inzwischen auf eine Milliardenbewertung bringt. Kutylowski ist gebürtiger Pole, den Großteil seines Lebens hat er in Deutschland verbracht. Mehrsprachige Kommunikation sieht er als einen essenziellen Bestandteil der DeepL-DNA: „Die meisten von uns sind täglich mit größeren oder kleineren Sprachbarrieren konfrontiert, die die DeepL-Produkte lösen."

Als Gründer und CEO von DeepL haben Sie zweifellos einige Herausforderungen gemeistert. Welches war das größte Hindernis, dem Sie auf Ihrem Weg zum Erfolg begegnet sind, und wie haben Sie es überwunden?

Der Schritt zur Gründung ist sicher eine der größten Herausforderungen. Man braucht Mut und Risikobereitschaft, um aus einer Idee ein Unternehmen zu machen. Das ist dann natürlich auch noch mit ganz anderen Herausforderungen verbunden – ich denke da beispielsweise an die zahlreichen bürokratischen Hürden. Aber auch diese sollten ein Vorhaben nicht zum Scheitern bringen. Ich möchte gerne mit gutem Beispiel vorangehen und zeigen, dass es sich lohnt, am Ball zu bleiben und ein Unternehmen zu gründen.

Wie werden maschinelles Lernen und Künstliche Intelligenz die Zukunft der menschlichen Kommunikation verändern? Was halten Sie persönlich für möglich?

Künstliche Intelligenz verändert bereits jetzt unsere Kommunikation, das erleben wir hautnah mit. Unternehmen weltweit setzen DeepL-Produkte ein, um effizienter und genauer zu kommunizieren. Sprachbarrieren werden weniger signifikant und Unternehmen können sich neue Märkte sehr viel einfacher als zuvor erschließen. In unserem Bereich wird es vor allem darum gehen, die Ergebnisse so individuell wie möglich zu gestalten. Sowohl DeepL Translate als auch DeepL Write sind schon sehr gut darin, Kontext zu verstehen. In Zukunft soll es aber auch möglich sein, die Kommunikation noch weiter und nach Wunsch maßzuschneidern. Das erreichen wir dann zum Beispiel durch die Verwendung von sogenannten LLMs. Diese Large Language Models sind Algorithmen der Künstlichen Intelligenz, die auf enorm großen Datensätzen basieren, um so Inhalte zu verstehen, zusammenzufassen, zu generieren und vorherzusagen. Es bleibt also spannend!

Anpacken und umsetzen: Was zählt, ist auf dem Feld

Die Weltbevölkerung vermehrt sich stetig und es ist an den Landwirtinnen und Landwirten, die Lebensmittelversorgung sicherzustellen. Möglich macht ihnen das die Präzisionslandwirtschaft. Und die braucht jeden Tag neue Impulse. Wie diese genau aussehen könnten, schildert Stefan Stahlmecke, Leiter des Europäischen Entwicklungszentrums von John Deere in Kaiserslautern.

8,5 Milliarden Menschen sollen im Jahr 2030 auf der Erde leben, prognostizieren Expertinnen und Experten der Vereinten Nationen. Zum Vergleich: Im Jahr 1950 waren es nur geschätzte 2,5 Milliarden Menschen. Was ist passiert?

Einer der Hauptgründe für diesen rasanten Anstieg ist neben besserer medizinischer Versorgung global gesehen die deutlich reichhaltigere Lebensmittelsituation. 83,6 Kilo Getreide hat beispielsweise im Jahr 2020 jeder Deutsche durchschnittlich verzehrt. Das ist nur möglich, weil Landwirtinnen und Landwirte mit ihrer Arbeit auf dem Feld seit jeher unseren Bedarf decken.

Digitalisierung ist Kern der modernen Landwirtschaft

Aber die Agrarwirtschaft steht vor enormen Herausforderungen: Klimatische Veränderungen wie Hitze- und Trockenphasen oder Überflutungen gefährden gute Ernten, während täglich allein in Deutschland eine Fläche von bis zu 74 Fußballfeldern für den Ackerbau verloren geht. Erwartet wird steigender Ertrag auf schrumpfender Fläche, und das so rücksichtsvoll gegenüber der Natur wie möglich. Dies kann nur durch die Errungenschaften der Präzisionslandwirtschaft funktionieren.

Die heutige Landwirtschaft ist kaum mehr mit der Landwirtschaft vor zwanzig oder fünfzig Jahren vergleichbar. Die heutzutage geforderte Leistung wäre damals unvorstellbar gewesen.

Heute verbringen Landwirtinnen und Landwirte oftmals mehr Zeit am Computer als auf dem Acker. Ihre Landmaschinen funken täglich mehr Daten in die Cloud als X (ehemals Twitter). Als Teil eines enormen digitalen Netzes, das sich zwischen Hightech-Maschinen, KI-Software, Telemetriesystemen, feinster Sensorik, Drohnen und anderen technischen Lösungen spannt, haben sie eine Kontrolle und Planbarkeit über ihren Anbau, die vor ein paar Jahren noch in einen Science-Fiction-Film gepasst hätten. Die Digitalisierung ist Kern der modernen Landwirtschaft geworden.

Damit Landwirtinnen und Landwirte auch in Zukunft die Früchte ihrer Arbeit ernten können, muss die Entwicklung weitergehen. Allein das Internet der Dinge kann laut Expertenmeinungen in den kommenden 30 Jahren für einen Produktivitätszuwachs von 70 Prozent sorgen, von anderen Technologien ganz zu schweigen. Jedes einzelne Saatkorn und jede einzelne Pflanze sollen individuell versorgt werden können, so die Vision. Deshalb bin ich überzeugt, dass es sie alle braucht: die Data Scientists und die Hardware-Kenner, die Programmierer und die User-Interface-Designer, die Telco-Expertinnen und die Sensoriker, die sich da eben beispielsweise um die Daten aus „intelligenten" Güllefässern kümmern und nicht um soziale Netzwerke oder Onlineshops.

Day One-Denke ist gefordert!

Der Begriff „Day One“ steht für innovatives, disruptives Denken und Handeln. Nie zufrieden mit dem Status quo, stattdessen immer weiter voran. Wir bei John Deere leben Day One insbesondere im European Technology and Innovation Center in Kaiserslautern. Als dessen Leiter arbeite ich dort gemeinsam mit unterschiedlichen, interdisziplinären Design- und Produktteams an Lösungen für die Präzisionslandwirtschaft der Zukunft. Die Beweise für die Effektivität unserer Day One-Denke sieht man auf dem Feld: So steht mit dem neuen Modell der 8R-Reihe ein Traktor vor der Marktreife, der ohne Fahrer auskommt – komplett autonom. Möglich macht das die konsequente Ausrichtung nach vorne. Doch was heißt das konkret?

Kreative Formen der Zusammenarbeit

Verbindendes Element all unserer Prozesse im European Technology and Innovation Center ist der Fokus auf die stetige Weiterentwicklung und die Orientierung an den Bedürfnissen der Landwirtinnen und Landwirte – und zwar nicht nur jetzt, sondern auch mittel- und langfristig. Das erfordert natürlich nicht nur ein breit gefächertes und tiefgehendes Know-how innerhalb der Entwicklungsteams, sondern auch zukunftsweisende, innovationsfördernde Arten der Zusammenarbeit.

Dazu haben wir beispielsweise unser Büro derart umgestaltet, dass Entwicklerteams ausreichend Platz für kreative Formen der Zusammenarbeit haben. Zwei Mal im Jahr haben alle Mitarbeiterinnen und Mitarbeiter eine Woche Zeit, sich im Rahmen eines Hackathons voll und ganz auf ein Kundenproblem zu konzentrieren, das nicht Teil ihrer regulären Arbeit ist. Die Kolleginnen und Kollegen aus den Entwicklerteams kommen dabei in ganz unterschiedlichen Konstellationen zusammen und präsentieren nach einer Woche intensiven Arbeitens ihr Ergebnis. Daraus sind bereits mehrere Produkte entstanden, die heute auf dem Feld im Einsatz sind. Ein Beispiel dafür ist AutoPath™. Dabei werden die exakten Spuren des Anbaugerätes – welches an den Traktor angebracht und von diesem gezogen wird – aufgezeichnet und an den nächsten Schritt in der Bearbeitung des Feldes übergeben. In der Praxis bedeutet dies etwa, dass die Spurinformationen der Sämaschine direkt an die Düngung gehen – auf den Zentimeter genau. Das macht die Planung der Arbeit im Feld effizienter und erhöht außerdem die Präzision aller nachfolgenden Schritte.

Einer der wichtigsten Grundsätze, die ich im European Technology and Innovation Center verfolge, ist jedoch, dass alle einen Beitrag für ein innovatives und gleichzeitig erfolgreiches Produkt leisten. Dabei ist Diversität im Denken und bei der Formulierung von Lösungsansätzen ein wichtiger Baustein für den Erfolg. Dafür braucht es meiner Meinung nach mehrere Dinge: psychologische Sicherheit, gefördert durch niedrige Hierarchien, das Abschaffen von Statussymbolen, ein lockerer und freundschaftlicher Umgangston und Formate für den offenen Austausch. Zudem findet Entwicklung nicht in einem Vakuum statt. Deshalb tauschen wir uns bei der Entwicklung jeder neuen Lösung mit Landwirtinnen und Landwirten aus – denn wer weiß schließlich besser, was in der Praxis auf dem Feld gebraucht wird? Das kann etwa bedeuten, dass durch die Digitalisierung der Präzisionslandwirtschaft das Kundenfeedback dank der übermittelten Sensordaten nachvollziehbar und messbar gemacht wird. Durch diese engen Feedbackschleifen binden wir Landwirtinnen und Landwirte aktiv ein – sie werden also zu Partnern in der Weiterentwicklung.

Entwicklung und Erfahrung

Schließlich gilt, dass Entwicklung immer eine Richtung haben muss, sonst enden die Bemühungen im Chaos. Sicher, es wäre viel einfacher, lediglich eine Idee nach der anderen zu entwerfen und auf den Markt zu bringen – nur würde das an den Bedürfnissen der kommenden Jahre vorbeigehen. Es braucht das Know-how der Landwirtinnen und Landwirte, damit wir Ansätze finden können, die eine langfristig nachhaltige Landwirtschaft möglich machen und damit den Bedürfnissen einer wachsenden Weltbevölkerung genügen. Wird dies aber getan, dann kann ich aus eigener Erfahrung sagen, dass die Ergebnisse überwältigend sind. Entwicklung und Erfahrung an der Schnittstelle zwischen Natur und Technik, zwischen Ernährung und Klima, zwischen heute und morgen sind das Herz der Präzisionslandwirtschaft – an diesem und jedem weiteren Day One.

Stefan Stahlmecke

2005 schloss der 1979 geborene Stefan Stahlmecke sein Studium der Technischen Kybernetik an der Universität Stuttgart ab. Im selben Jahr begann er seine berufliche Laufbahn als Manufacturing Engineer bei John Deere in Bruchsal. Nach einigen beruflichen Stationen im Mannheimer Werk des Unternehmens und einem MBA-Studium an der University of West Florida wechselte er 2015 in die Intelligent Solutions Group bei John Deere in Kaiserslautern. Seit 2019 verantwortet er als Director die Intelligent Solutions Group, die im Rahmen des Europäischen Entwicklungszentrums von John Deere an intelligenten Lösungen für die Präzisionslandwirtschaft arbeitet. Stefan Stahlmecke ist verheiratet und Vater von zwei Kindern. Er ist begeisterter Segler und geht in seiner Freizeit auch gerne Ski fahren und laufen – oder findet Ausgleich beim Gitarrespielen.

FRÜHER GUT, HEUTE GUT

Wie am ersten Tag. Oft sind geflügelte Worte einfach Unsinn. Zum Beispiel „Früher war alles besser“. Wenn das so wäre, gäbe es keinen Fortschritt, keine Innovation, und alles bliebe beim Alten. Das Gegenteil ist der Fall, vor allem in der Wirtschaft. Die Kundschaft erwartet immer Neues, und die Konkurrenz schläft auch nicht. Sich auf dem Erfolg vergangener Tage auszuruhen ist für Management und Mitarbeitende zwar bequem, aber nicht zielführend. Vier Unternehmen und eine Musikband zeigen, wie sie so innovativ geblieben sind wie am ersten Tag. Jahrzehntelang. Und manchmal noch länger.

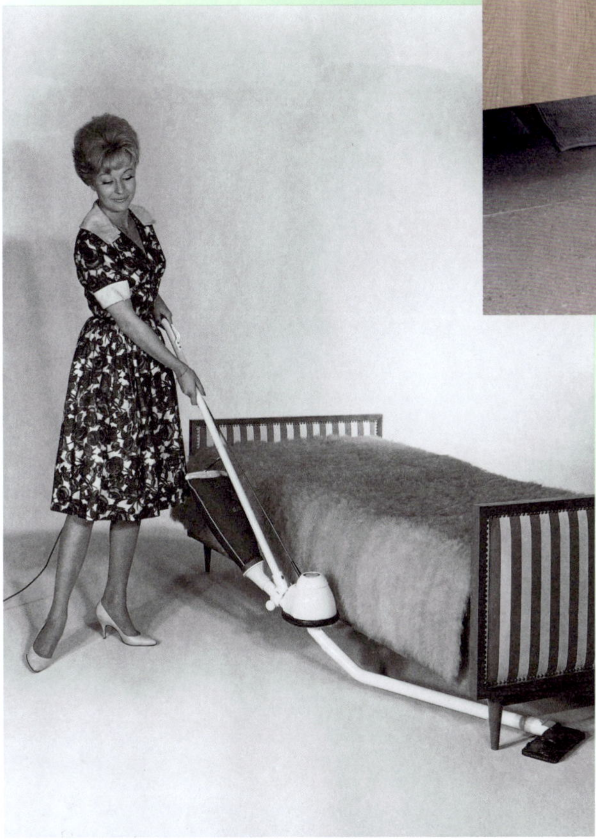

VORWERK ↘

Gute Geister für den Haushalt. Was tun, wenn sich Grammofone nicht mehr verkaufen, weil die Menschen nun lieber Radio hören? Dann macht man aus dem Elektromotor, der bisher die Schellackplatte drehte, einen Staubsauger. So geschehen in den 1930er-Jahren, als Vorwerk in einer disruptiven Situation ein bahnbrechendes Produkt entwickelte – den hilfreichen Hausgeist namens „Kobold". Und da der Einzelhandel am erklärungsbedürftigen Gerät scheiterte, kam als weitere Innovation der Direktvertrieb hinzu. Die Kombination aus Produkt und Vertrieb führte zum Erfolg, genau wie das Jahrzehnte später bei einem weiteren Bestseller gelang – dem Thermomix. Staubsauger und Küchenmaschine stehen mittlerweile für ausdifferenzierte Produktlinien und sind für Vorwerk zentrale Umsatzbringer. Den Kobold gibt es als Saugroboter und auch der Thermomix ist über die Rezeptplattform Cookidoo digital vernetzt. Innovation heißt oft auch, alte Gewissheiten über Bord zu werfen. Heute vertreibt das Unternehmen seine Geräte über drei miteinander verbundene Kanäle: Direktvertrieb, Shops und Onlineverkauf – wobei die Beraterinnen und Berater für Vorwerk nach wie vor im Zentrum stehen.

NIVEA ↘

Starke Marken zum Pflegen und Kleben. Einen auf jede Backe und einen auf die Stirn: Die kleinen, weißen und duftenden Creme-Tupfer zählen zu den kollektiven Kindheitserinnerungen. Die Nivea-Dose mit weißer Schrift auf blauem Grund gehört in jeden Haushalt – in dieser Form seit fast 100 Jahren. Erfunden hat sie der Apotheker und Unternehmer Oscar Troplowitz, der 1890 die Firma Beiersdorf erwarb und dann rasch ausbaute. Auch Labello und Leukoplast gehen auf ihn zurück, für Tesafilm und Hansaplast leistete er die Vorarbeit. Spätere Generationen haben daraus einen milliardenschweren Weltkonzern gemacht, dessen Stärke die selbst entwickelten Marken geblieben sind. Dazu zählt noch immer Nivea mit seinen zahlreichen Hautpflegemitteln. Und aus dem Klebefilm namens Tesa sind mittlerweile 7.000 Produkte geworden. Sogar Daten lassen sich darauf speichern. Um so innovativ zu bleiben wie am ersten Tag, investiert Beiersdorf viel Geld in Forschung und Entwicklung: Fast 300 Millionen Euro waren es 2022.

DIE FANTASTISCHEN VIER ↘

Der Rap war nicht genug. Es waren definitiv die da, die den Rap hierzulande aus seiner kulturellen Nische holten. Vier Jungs aus dem Stuttgarter Raum machten 1992 mit ihrem Superhit „Die Da!?!" den „deutschen Sprechgesang", wie sie es nannten, massentauglich. Seitdem machen sie erfolgreich Musik, zehn Studioalben haben sie zusammen veröffentlicht. Doch der Rap war ihnen nicht genug. Schon früh kreuzten sie ihre Musik mit Metal, zuletzt schufen sie ein Virtual-Reality-Remake ihres Hits „Tag am Meer". Öffentlich in Erscheinung treten vor allem zwei der Fanta 4: Smudo, der mit bürgerlichem Namen Michael Bernd Schmidt heißt, und Thomas D(ürr). Smudo, der auch als Solokünstler erfolgreich ist, fährt Autorennen, kann Kunstflug, leiht Filmfiguren seine Stimme und ist prominenter Investor der in Corona-Zeiten bekannt gewordenen Luca-App. Thomas D, ebenfalls mit Soloprojekten bekannt, engagiert sich stark ökologisch sowie sozial und lebt seit 20 Jahren auf einem Bauernhof in der Eifel. Alle vier sind Mitte 50. Na und? Andere füllen mit 80 noch Stadien. Da können wir uns auf viele fantastische Dinge freuen.

LEGO ↘

Der Kult mit den stapelbaren Klötzchen. Vielleicht gab es diese Frage schon beim TV-Quiz für Möchtegern-Millionäre: Wie viele Steine hat das größte Lego-Set? 5.000? 8.000? Unglaubliche 11.000 Teile sind es, aus denen Geduldige eine Weltkarte bauen können. Das hätte sich der dänische Tischlermeister Ole Kirk Christiansen sicher nicht träumen lassen, als er 1949 den Vorläufer der heutigen Legosteine erfand. Dabei wäre das Unternehmen fast untergegangen, nachdem ein Brand Jahre zuvor Lager, Fabrik und Baupläne vernichtet hatte. Doch Christiansen gab nicht auf und wurde damit – ungewollt – Vorbild für turbulente Zeiten, die noch kommen sollten. Bis 1998 ohne Jahresverlust, steckte Lego Anfang der 2000er-Jahre tief in der Krise. Doch das Unternehmen erfand sich so erfolgreich neu, dass der „Lego Turnaround" als leuchtendes Beispiel in den betriebswirtschaftlichen Kanon eingegangen ist. Heute gilt Lego als umsatzstärkster Spielwarenhersteller der Welt und hat 2022 einen Rekordgewinn eingefahren. Kein Wunder: „Only the best is good enough" lautet das Motto des Unternehmens – das seit 1936 Lego heißt.

NINTENDO ↘

Wo Klempner nicht nur Prinzessinnen retten. So weckt man falsche Erwartungen: Versprochen wird ein Nintendo-Spiel, alle sind begeistert, weil sie mit einem hüpfenden Bildschirm-Klempner namens Mario rechnen. Doch dann liegt ein Kartenspiel auf dem Tisch. So verwunderlich ist das gar nicht, denn mit Spielkarten begann 1889 die Geschichte von Nintendo, und dabei blieb es jahrzehntelang. Dann: Arkadenspiele und eine erste TV-Konsole, später Erfolge wie Super Mario & Co. und Tetris auf dem Gameboy. Die Symbiose aus spaßigen Spielen und Geräten funktionierte bestens. Nicht immer sah alles rosig aus. Der Nachfolger der Wii-Konsole? Ein Flop. Spiele für Smartphones? Lange kein Thema. Die Konsolen schienen technisch abgehängt, das Ende Mitte der 2010er-Jahre nah. Doch dann brachte Nintendo 2016 das Pokémon-Go-App-Spiel und 2017 die Nintendo Switch heraus – beides waren riesige Erfolge. Auch das Lizenzgeschäft lief an. Der Super-Mario-Film spielte 2023 weltweit über eine Milliarde Euro ein. Das Geheimnis von Nintendo? Die Kosten im Blick. Nur so viel Technik wie nötig. Dem eigenen Tempo folgen. Und vor allem: Spiele müssen Spaß machen. Wie schon 1889.

„Für meine Gäste kreiere ich Überraschungs- momente“

Douce Steiner ist Chef de Cuisine im „Hirschen“ in Sulzburg und die einzige 2-Sterne-Köchin Deutschlands. Ihre kreativen Ideen entwickelt sie vor allem dann, wenn sie gerade nicht in der Küche steht. Wie das genau funktioniert, schildert sie im Interview und verrät auch, ob sie bereits vom dritten Stern träumt.

Frau Steiner, was bedeutet für Sie der Day-One-Spirit in der Welt der Gastronomie?

Day-One-Spirit heißt für mich, Neues auszuprobieren. Das spiegelt sich in unserer Speisekarte wider: Die Gerichte wechseln alle sechs bis acht Wochen – was für die Spitzengastronomie ziemlich ungewöhnlich ist. Das einzig vorgegebene Gerüst ist die saisonale Verfügbarkeit der Lebensmittel. Aber alles, was dann folgt, ist pure Dynamik. Ich probiere neue Produkte aus, kombiniere sie ganz unterschiedlich und bleibe so nie auf einem Level stehen. Es geht immer neu, immer anders, weiter.

Lässt sich dieser Spirit von der Küche auch auf Ihr Restaurant insgesamt übertragen?

Absolut. Wir haben die Corona-Pandemie genutzt, um ganz neu zu denken. Ich habe mich und mein Tun radikal hinterfragt: Wie möchte ich in Zukunft arbeiten? Wie bleiben wir attraktiv für unsere Gäste auf der einen Seite und für zukünftige junge Talente in Küche und Service auf der anderen Seite? Das Ergebnis: Wir haben die Gast-Räume modernisiert und unser Angebot umgestellt. Es gibt keinen Mittagstisch mehr, sondern wir öffnen am Abend etwas früher. Dafür sind die Mitarbeiterinnen und Mitarbeiter in der Küche in der Regel bereits um 23 Uhr fertig – das hat es früher nie gegeben. Heute bin ich froh darüber, dass ich diesen Schritt gegangen bin und mich nicht damit aufgehalten habe, zu überlegen, was andere Leute wohl denken.

Die Begeisterung für die Gastronomie wurde Ihnen in die Wiege gelegt – bereits Ihre Eltern führten den „Hirschen" in Sulzburg sehr erfolgreich, Ihr Vater erkochte zwei Michelin-Sterne.

Wie halten Sie diese Leidenschaft aufrecht?

Mein Weg war nicht so klar vorgezeichnet, wie es vielleicht erscheinen mag. Ich hatte als Jugendliche viele andere Interessen, ich war sportlich sehr aktiv und habe mich schon immer für Theater und Kunst interessiert. Nach meinem Realschulabschluss habe ich dann überlegt, welchen beruflichen Weg ich gehen möchte – und habe meinem Vater ein sechswöchiges Praktikum bei ihm in der Küche vorgeschlagen. Und was soll ich sagen? Es hat mir unglaublich viel Spaß gemacht! Ich bin also dabeigeblieben. Aber bis zu meiner Selbstständigkeit im Jahr 2008 war ich ständig im Stress – erst jetzt arbeite ich so, wie ich mir das vorstelle und wünsche. All diese Dinge, die in der Gastronomie leider üblich sind – Respektlosigkeit, Stress, Übermüdung, keine Zeit für die Gäste – haben bei mir keinen Platz. Das hilft mir dabei, die Leidenschaft für diesen schönen, vielseitigen Beruf aufrechtzuerhalten und weiterzugeben.

Als Sie das Restaurant Ihres Vaters 2008 übernahmen, war der Guide Michelin Ihnen zunächst nicht wohlgesonnen. Nach einem Jahr war einer der beiden Sterne weg. Wie sind Sie mit diesem Rückschlag umgegangen?

Das war im ersten Moment sehr schlimm für mich, denn zu diesem Zeitpunkt war ich bereits seit zehn Jahren Teil des Teams. Wir haben ein klärendes Gespräch mit Michelin geführt, das mir dabei geholfen hat, die Entscheidung zu verstehen. Und außerdem war auch in dieser Situation die Gewissheit da, dass wir als Familie, als Team, immer zusammenhalten.

2012 haben Sie den zweiten Stern zurückerhalten. Wie haben Sie das geschafft?

Ich habe mich nicht beirren lassen und weiterhin das gemacht, was ich liebe. Ich koche nicht für den Michelin – ich mache das für meine Gäste, für mich, für mein Team. Ich habe einen besonderen kulinarischen Stil entwickelt, eine eigene Handschrift, die ich mir bewahren möchte.

Mit welchen ungewöhnlichen Zutaten überraschen Sie Ihre Gäste?

Fast alle Gäste melden uns zurück, dass sie bestimmte Zutaten oder Geschmackskombinationen so noch nie gegessen haben. Das freut mich natürlich, denn genau diese Überraschungsmomente möchte ich kreieren. Meine persönliche Lieblingszutat ist Piment d'Espelette – ein Chiligewürz aus dem französischen Baskenland, das aus der sehr aromatischen Chilisorte „Gorria" gewonnen wird. Das Gewürz gibt gerade Desserts eine schöne, fruchtige Schärfe. Oder noch ein Beispiel für eine ungewöhnliche Zutat: Milchreis! Nie im Leben wäre ich darauf gekommen, Milchreis in unserem Restaurant anzubieten – bis wir eines Abends bei Freunden zum Essen eingeladen waren und sie uns ein sehr leckeres Milchreis-Dessert serviert haben. Am nächsten Tag habe ich direkt gemeinsam mit den Mitarbeiterinnen und Mitarbeitern in der Patisserie überlegt, was man aus Milchreis alles machen könnte. Herausgekommen ist zum Beispiel ein Eis, Sorbet, Schaum, Cracker. Dann hat mir noch der berühmte Kick gefehlt. Beim Schwimmen kam mir die Idee, Bohnenkraut zum Milchreis-Dessert zu kombinieren. Und voilà: Es hat geschmeckt!

Tranche vom wilden Steinbutt auf einer Essenz von Karotte und Ingwer, eingelegte Aprikosen, neue Mandeln, Koriander – wie kommen Sie auf diese kreativen Kombinationen?

Ich denke ständig übers Essen nach. Ein Gericht besteht typischerweise aus drei Komponenten, die sich an der jeweiligen Jahreszeit orientieren. Oft fehlt mir dann noch der Kick, das gewisse Etwas. Das ist der Moment, in dem ich joggen oder schwimmen gehe, im Kopf alle möglichen Kombinationen durchspiele und mich frage: Was könnte passen? Das kann zum Beispiel ein Gewürz sein, eine Teesorte, bestimmte Kräuter. Ich schmecke also in Gedanken und dann erst gehe ich in die Küche und probiere meine Idee aus.

Welche Bedeutung haben kulturelle Einflüsse für Ihre Kochkunst?

Meine Mutter Claude ist Französin und auch ich bin sehr frankophil. Ich liebe die französische Küche – als ich klein war, haben wir an den freien Tagen oft 3-Sterne-Restaurants in der Gegend besucht, etwa im Elsass. Man kann also schon sagen, dass mein Gaumen von klein auf ziemlich verwöhnt wurde. Neben der französischen finde ich die japanische Küche spannend – irgendwann möchte ich das Land unbedingt selbst besuchen.

Ihre Karriere ist beeindruckend und Sie sind eine Inspiration für viele junge Köchinnen und Köche. Was raten Sie Nachwuchstalenten, um in der anspruchsvollen Welt der Gastronomie erfolgreich zu sein, ohne ihre Leidenschaft zu verlieren?

Folge dem Herzen und nicht dem Verstand! Wenn man spürt, dass es das Richtige ist, dann sind Durchhaltevermögen und Geduld wichtig – und ein glückliches Händchen bei der Auswahl des Arbeitgebers. Ich persönlich rate zu einem kleineren Restaurant mit familiärer Atmosphäre. Insgesamt sehe ich in der Branche einen Wandel, den ich auch im Sinne aller jungen Talente, die jetzt in der Gastronomie anfangen, absolut begrüße. Früher habe ich 12 bis 16 Stunden pro Tag gearbeitet, inzwischen haben wir im „Hirschen" eine Vier-Tage-Woche eingeführt. Das ist noch die Ausnahme – aber ich hoffe trotzdem, dass andere Gastronomen nachziehen und sich nicht nur für faire Arbeitszeiten, sondern auch für eine faire Entlohnung ihrer Mitarbeitenden starkmachen. Dafür braucht es ein generelles Umdenken in Deutschland: Für gutes Essen muss man bereit sein, mehr Geld auszugeben – und damit denke ich nicht nur an die Sterneküche.

Träumen Sie bereits vom dritten Stern?

Natürlich würde ich mich über einen dritten Stern wahnsinnig freuen! Aber es geht mir gut, so wie es ist. Von daher kann ich entspannt dem entgegenblicken, was vielleicht noch kommen mag. Und bis dahin möchte ich neue Inspirationen sammeln, eventuell ein weiteres Kochbuch schreiben oder an einem Film mitwirken. Ich bin auf jeden Fall immer auf der Suche nach etwas Neuem.

Douce Steiner

Seit 2008 führt Douce Steiner den „Hirschen" von ihrem Vater Hans-Paul Steiner (zwei Michelin-Sterne) und ihrer Mutter Claude Steiner. Die gebürtige Stuttgarterin ist zweisprachig aufgewachsen, die Ausbildung zur Köchin hat sie im elterlichen Betrieb in Sulzburg absolviert. Die Lehr- und Wanderjahre führten sie zu Georges Blanc im französischen Vonnas, in die Schweizer Stuben in Wertheim und in die Traube Tonbach Schwarzwaldstube zu Harald Wohlfahrt. Nach der Hotelfachschule in Heidelberg kehrte Douce Steiner 1998 als staatlich geprüfte Gastronomin und Küchenmeisterin in den elterlichen Betrieb nach Sulzburg zurück. Sie ist Deutschlands einzige 2-Sterne-Köchin und wurde zudem 2023 vom Restaurantführer „Gault & Millau" als „Köchin des Jahres" ausgezeichnet. Um das Leben glücklich zu meistern, braucht es für sie drei wesentliche Eckpfeiler: „Die Liebe zum Kochen und zum Genießen, den Respekt vor der Natur und vor dem, was sie uns schenkt, und die Bewahrung der Bodenständigkeit." Wenn sie nicht gerade kocht, ist sie viel in der Natur unterwegs und sammelt neue Inspirationen – etwa auf der Reise nach Malaysia, die sie kürzlich gemeinsam mit ihrem Ehemann unternommen hat.

„Wofür mein Herz wirklich brennt“

In den 1990ern gehörte Stefan Kuntz zu den prägenden Spielern der deutschen Fußball-Nationalmannschaft und der Bundesligavereine, für die er spielte. Auch nach seiner aktiven Karriere war er rührig wie nur wenige andere: Als Trainer führte der gebürtige Saarländer das U21-DFB-Team ebenso zum Erfolg wie die türkische Nationalmannschaft, war als Funktionär für verschiedene Vereine tätig. Im Interview reflektiert er die Wendepunkte in seinem Leben und spricht über das, was ihn als Person über die Jahre besonders geprägt hat.

Herr Kuntz, auf Ihrer Website schreiben Sie: „Mir wurde nichts geschenkt. Ich hatte nur mittelmäßiges Talent, der Rest war der unbedingte Wille und viel harte Arbeit." Wirklich?

Das ist so. Ich habe alle Klassiker durchlebt: Angefangen habe ich auf dem Bolzplatz, wo ich nur mitmachen durfte, weil ich einen guten Ball besaß, nicht weil ich Talent hatte. Die Älteren haben mich erstmal ins Tor gestellt. Auch in der B-Jugend waren zunächst alle älter und besser, letztlich war das aber der Schlüssel zum Erfolg: Ich musste mich stets mit viel Kampfgeist behaupten. Als Linksfuß wollte ich unbedingt auch mit rechts schießen können. Ich war schwach beim Kopfball und wollte besser werden. Statt ein zweites Jahr in der U19-Mannschaft meines Heimatvereins Borussia Neunkirchen zu spielen, riet mir mein Vater, der dort als Profi gespielt hatte, mich direkt in der zweiten Mannschaft mit den „Großen" zu messen. Irgendwann war ich dann gut genug und ein Scout holte mich zum Bundesligisten VfL Bochum.

Was hat der Fußballsport denn an sich, dass Sie seit Jahrzehnten Ihr ganzes Herzblut hineinstecken?

Das habe ich erst sehr viel später herausgefunden, als ich meinen Stärken und Schwächen auf den Grund gehen wollte: Meine größte Antriebsfeder war die Sucht nach Anerkennung. Du kannst im Fußball etwas erreichen, was mit Geld nicht bezahlbar ist. Kein Manager, egal wie viel er verdient, kann ins Stadion gehen und die Menge dazu bringen, für ihn zu jubeln. Schießt du ein Tor, bekommst du genau diese Anerkennung, das war meine Motivation!

Ihre Karriere ist von sehr großer Vielfalt geprägt – Sie waren lange Zeit erfolgreicher aktiver Spieler, waren Vereins- und Nationaltrainer, Sportdirektor und Vorstandsvorsitzender. Wodurch waren die Wendepunkte in Ihrer Karriere bestimmt?

Ich wollte mich schon immer unbedingt weiterentwickeln, mag und suche neue Herausforderungen, möchte meine Kompetenzen erweitern, neue Blickwinkel kennen- und schätzen lernen. Ich bevorzuge ein dynamisches „Ich" gegenüber einem statischen – daher finden sich in meiner Karriere auch so viele unterschiedliche Arbeitsgebiete. Ich brauche immer eine Tätigkeit, bei der ich das Gefühl habe, jeden Tag aufs Neue gefordert zu sein und das, was ich erlernt habe, auch anwenden zu können.

Welche Kompetenzen mussten Sie sich denn für Ihren ersten Schritt ins Trainerbusiness aneignen?

Wenn ich ehrlich bin, habe ich mir am Anfang etwas vorgemacht. Ich war noch kein Trainer, sondern wollte das Gefühl, Spieler zu sein, ein wenig verlängern: Du bist nach wie vor in der Kabine, ziehst dir die Fußballschuhe an, gehst auf den Platz und kannst den Jungs zunächst noch etwas zeigen. Das hat in der ersten Zeit gut funktioniert, mit Borussia Neunkirchen sind wir aufgestiegen, ebenso mit dem Karlsruher SC. Der fachliche Nachweis war die UEFA-Pro-Lizenz, mit der du theoretisch jede Mannschaft in Europa trainieren darfst. Aber irgendwann habe ich gemerkt, dass es nicht mehr reicht, mal Spieler gewesen zu sein. Ich musste lernen, eine Mannschaft zu führen – mit der nötigen Distanz. Nach der Entlassung vom Zweitligisten LR Ahlen folgte eine schlimme Zeit – rückblickend aber eine, in der ich viel über mich gelernt habe.

... und in der Sie ein Fernstudium begonnen haben – was für ein Schritt!

Meine Frau war es, die mir dringend dazu riet, einen neuen Ersatz für geschossene Tore zu finden. Ich war fast ein Jahr arbeitslos, inklusive Zukunfts- und Existenzängsten, denn damals wurden noch nicht die Summen gezahlt wie heute. Das Trainerbusiness war ich leid und nachdem ich dies dummerweise auch der Presse so gesagt hatte, wollte ich das nicht gleich wieder revidieren und schlug ein Angebot aus. Ich begann Sportmanagement zu studieren und startete schon bald beim Regionalligisten TuS Koblenz als Sportdirektor – wieder etwas ganz Neues, das mich forderte! Ich glaube fest daran, dass wenn du etwas mit Leidenschaft und der entsprechenden Kompetenz tust, sich immer eine richtige Tür für dich öffnet.

Mit der Übernahme des Vorstandsvorsitzes beim 1. FC Kaiserslautern haben Sie sich erneut auf unbekanntes Terrain begeben. Was hat Ihnen das abverlangt?

Davor lagen zwei Jahre Vorstandsarbeit beim VfL Bochum, einem sehr gut geführten Verein. Dort habe ich mein Wissen ausbauen können, wodurch ich mich dann „bereit" fühlte für die schwierige Aufgabe beim FCK. Es gab dennoch viele Themen, von denen ich zunächst keine Ahnung hatte: Finanzen, Personal, Merchandising, Steuerprüfung und vieles mehr. Da ich mit jeder Unterschrift haftete, musste ich mir all dieses Wissen aneignen. Als Persönlichkeit bin ich an dieser Herausforderung enorm gewachsen. Danach wusste ich: Rund um den Fußball kann nicht mehr so viel kommen, was ich nicht kenne. „Raus aus der Komfortzone" – klingt ein wenig abgedroschen, aber es ist etwas Wahres dran.

Noch eine andere Lehre habe ich für mich gezogen: Wenn ich im Recht war, habe ich meinem Gegenüber oft nicht die Chance gegeben, sein Gesicht zu wahren. Ich wollte gewinnen, als stünde ich auf dem Platz, anstatt in Konflikten auf mein Gegenüber einzugehen. So habe ich trotz meines Erfolges viele Menschen zurückgelassen, die zwar mein Wissen schätzten, mich aber dennoch für einen „unangenehmen Menschen" hielten.

Sie sind nach dieser Funktionärslaufbahn wieder ins Trainergeschäft zurückgekehrt. Wie kam es dazu?

Irgendwann saß ich zu Hause im Garten und habe überlegt, wofür mein Herz wirklich brennt. Für was könnte man mich nachts um drei Uhr wecken und ich würde sofort einsteigen? Ich wollte mein fußballerisches Wissen wieder unter die Leute bringen. Und wieder tat sich eine Chance auf, die ich sofort ergriff: Während der EM in Paris 2016 sprach ich mit dem damaligen DFB-Sportdirektor Hansi Flick über dieses und jenes, als er mir nebenbei sagte, dass Horst Hrubesch nach Olympia die U21 nicht weiter trainieren wolle. Erst später, daheim beim Joggen, spürte ich ein regelrechtes Kribbeln und Herzpochen beim Gedanken daran, dass ich doch vielleicht seine Nachfolge antreten könnte. Ich rief Hansi an und er hatte die gleiche Idee!

Welche Erfahrungen nehmen Sie aus Ihren Trainerstationen bei der U21 und der türkischen Nationalmannschaft mit?

Bei der U21 hat eine Sache den Start geprägt: Ich habe erkannt, wie wichtig es ist, dass sich Kompetenzen im Team ergänzen und man sich nicht immerzu mit denen umgibt, die die gleichen Stärken haben. Zunächst war es fremd für mich, mit zwei Co-Trainern zu arbeiten, die schon gesetzt waren. Aber unser Spirit war großartig: Die beiden hatten völlig andere Stärken als ich und so waren wir ein tolles Trio – die Erfolge, drei EM-Finalteilnahmen und davon zwei Siege, sprechen für sich. Ich habe in dieser Zeit viel zugehört, Geschichten aus meiner Karriere erzählt, Menschen geführt – ich habe diese Tätigkeit mit viel Empathie ausgefüllt.

Aus meiner Zeit in der Türkei nehme ich wiederum andere Erfahrungen mit. Es war wichtig für mich, den Druck auszuhalten, mit dem ein A-Mannschafts-Nationaltrainer konfrontiert ist – und das in einem Land mit sehr emotionaler Fangemeinde und Presselandschaft. Und ich habe auch gelernt, mir Wertschätzung zu verdienen. In Deutschland hatte ich durch meine Bekanntheit ein gewisses Maß an Vorschusslorbeeren, in der Türkei nicht. Ich habe mich vollends aufs Fachliche konzentriert. Und weil ich mir sicher war, alles gegeben zu haben, war ich auch beim Abschiedsgespräch sehr entspannt.

Stefan Kuntz

Seine Fußballkarriere begann Stefan Kuntz 1970 beim saarländischen Verein Borussia Neunkirchen, für den er 1981 sein erstes Profispiel bestritt. Zunächst blieb er aber weiterhin seinem Beruf als Polizist treu. Es folgten Stationen beim VfL Bochum, bei Bayer Uerdingen und schließlich beim 1. FC Kaiserslautern, mit dem er Meister und DFB-Pokalsieger wurde. In der Saison 1993/94 wurde er – nach 1985/86 – zudem erneut Torschützenkönig der Bundesliga. Er debütierte in der Nationalmannschaft, 1996 wurde er in England mit der deutschen Auswahl Europameister. Für seine erste Trainerstation kehrte er ins Saarland zurück und führte Borussia Neunkirchen zur Meisterschaft in der Oberliga Südwest. Es folgten zahlreiche weitere Engagements, zuletzt bei der U21-Nationalmannschaft und der türkischen Nationalmannschaft. Die Junioren führte er zu zwei EM-Titeln. Doch Kuntz war nicht nur als Trainer, sondern auch als Sportdirektor und Vorstandsvorsitzender aktiv. Über seine Heimat, das Saarland, sagt er: „Ich komme immer wieder gerne hierher zurück, da ich so viele großartige Kindheitserinnerungen habe. Und es tut gut, mit meinen alten Freunden Fußball zu spielen und danach zusammenzusitzen und zu erzählen."

Lernen, die Zukunft zu gestalten

Was muss der Mensch können, um sich sowohl im beruflichen als auch im privaten Kontext an Herausforderungen anzupassen und den stetigen Wandel erfolgreich zu meistern? In einer sich immer schneller verändernden und zunehmend komplexen Welt wird die Frage nach den wichtigsten Future Skills zu einem Schlüsselelement in Bildung, Politik und Wirtschaft. So umfassend und durchdacht die meisten Future-Skills-Frameworks sind, so vernachlässigen sie meist einen zentralen Aspekt: die Fähigkeit, über die Zukunft an sich strukturiert nachzudenken. Laura Bechthold, Professorin für Technology Assessment & Cultural Management, gibt einen Einblick in das Konzept der „Futures Literacy“, der strukturierten „Zukünftebildung“, wie es übersetzt heißt.

Wann haben Sie das letzte Mal über die Zukunft nachgedacht? Vermutlich ist das gar nicht lange her: Ob beim Einkaufen („Was möchte ich heute Abend essen?“), im Straßenverkehr („Wann wird die Ampel rot?“) oder bei der Urlaubsplanung („Wo soll nächstes Jahr die Reise hingehen?“). Fast alle der vielen bewussten und unbewussten Entscheidungen, die wir jeden Tag treffen, beinhalten in irgendeiner Weise die Zukunft. Je tiefgreifender uns die Konsequenzen unseres Handelns erscheinen, desto mehr Zeit nehmen wir uns üblicherweise, um verschiedene Zukunftsoptionen und ihre Konsequenzen abzuwägen. Je weiter wir den thematischen oder zeitlichen Bogen spannen, desto schwieriger wird diese Reflexion – wenn es zum Beispiel nicht mehr nur um die eigene Zukunft geht, sondern um die unserer Familie, unserer Organisation, unserer Stadt oder gar die der globalen Gesellschaft.

Das Nachdenken über die Zukunft ist ein komplexer Prozess: Obwohl sie bei fast allen Entscheidungen eine Rolle spielt, bleibt sie stets ungreifbar. Denn ist die Zukunft endlich da, manifestiert sie sich für einen Moment als Gegenwart, um sogleich in der Vergangenheit aufzugehen. Somit existiert die Zukunft ausschließlich in unserer Vorstellung. Wie diese Vorstellungen über die Zukunft genau aussehen, beruht dabei auf einer Mischung aus aktuellem Wissen, Erwartungen, Wünschen, Überzeugungen, Persönlichkeitsmerkmalen und Werten, die sich von Person zu Person unterscheiden kann. Wir müssen also die Vorstellung aufgeben, dass es die eine Zukunft gibt. Vielmehr spricht man in der Zukunftsforschung von mehreren, parallel existierenden möglichen „Zukünften": Hierbei ist es wichtig zu differenzieren, welche Zukünfte zunächst grundsätzlich möglich sind, unabhängig von ihrer Eintrittswahrscheinlichkeit. Aus diesem Spektrum können wir dann Aussagen darüber treffen, welche Szenarien wir für wahrscheinlicher halten als andere. Innerhalb der möglichen und wahrscheinlichen Zukünfte können wir schließlich unterscheiden, welche Zukünfte wünschenswert sind, um darauf proaktiv hinarbeiten zu können, und welche es zu vermeiden gilt.

Über das Entwickeln realistischer Zukunftsvorstellungen

Doch wie gelingt es uns, die Annahmen zu identifizieren, die unseren Vorstellungen von der Zukunft zugrunde liegen? Wann handelt es sich bei einem Zukunftsbild um eine realistische Darstellung potenzieller Entwicklungen und wann ist es ein Spiegel gegenwärtiger Wünsche? Und wie gehen wir damit um, wenn es keinen Konsens darüber gibt, welches Zukunftsbild erstrebenswert ist und welches nicht? Das Problem: Keiner bringt uns bei, wie man mit diesem Wirrwarr an möglichen, wahrscheinlichen und wünschenswerten Zukünften strukturiert umgeht. An dieser Stelle setzt das Konzept der „Futures Literacy", also der „Zukünftebildung", an, das 2007 vom Wissenschaftler und Vordenker Riel Miller[1,2] entwickelt wurde und seit 2012 von der UNESCO[3] weltweit vorangetrieben wird. Der Begriff „Literacy" bezeichnet im Englischen eine erlernbare Kompetenz, wie beispielsweise Lesen und Schreiben (Traditional Literacy) oder den souveränen Umgang mit digitalen Technologien (Digital Literacy). Analog hierzu geht das Konzept der „Futures Literacy" davon aus, dass auch der Umgang mit der Zukunft eine eigenständige Kompetenz darstellt. Das Ziel der „Futures Literacy" besteht darin, Menschen zu befähigen, über die Zukunft auf strukturierte Weise und aus unterschiedlichen Perspektiven nachzudenken. Indem wir uns bewusst werden, welche Vorstellungen von der Zukunft wir und andere hegen, und lernen, diese kritisch zu prüfen, können wir uns von einschränkenden oder veralteten Vorstellungen lösen und neuen Perspektiven gegenüber aufgeschlossener werden. Ein weiterer Aspekt ist das Erkennen von Handlungsmöglichkeiten im Hier und Jetzt. Statt sich auf eine einzige, vorgegebene Zukunft zu fixieren, ermutigt die „Futures Literacy" dazu, verschiedene Szenarien zu erforschen und gestalterische Möglichkeitsräume aufzuzeigen. Dies fördert eine adaptivere und flexiblere Herangehensweise an neue Herausforderungen.

Was zeichnet also eine Person aus, die in Bezug auf die Zukunft kompetent, oder „futures literate", ist? Dieser Frage hat sich ein finnisches Forscherteam[4,5] gewidmet und fünf Kompetenzfelder herausgearbeitet:

Zeitperspektive: das Bewusstsein für Vergangenheit, Gegenwart und Zukunft sowie das Verständnis für die Verkettung von Ereignissen im zeitlichen Verlauf

Glaube an die eigene Handlungsfähigkeit: das grundlegende Vertrauen in die eigene Fähigkeit, das persönliche Schicksal zu beeinflussen

Offenheit für Alternativen: die Fähigkeit, gängige Ideen kritisch zu hinterfragen, und die Bereitschaft, alternative Lebens- und Handlungsweisen in Erwägung zu ziehen

Systemisches Denken: die Fähigkeit, menschliche und natürliche Systeme zu erkennen, wie beispielsweise Gruppen, Gesellschaften und Ökosysteme

Empathie und Sorge um andere: die Fähigkeit, wünschenswerte Zukünfte auch über sich selbst hinaus, zum Beispiel für eine Gruppe oder Gesellschaft, zu verfolgen

Futures Literacy Labs – Zukunftsszenarien gemeinsam erarbeiten

Um diese Fähigkeiten zu schulen, gibt es verschiedene Möglichkeiten. Neben klassischen Trainings hat die UNESCO insbesondere die sogenannten Futures Literacy Labs (FLL) etabliert.[1] Dabei handelt es sich um Workshop-Formate, bei denen die Teilnehmenden in einen intensiven Austausch über ihre Vorstellungen von der Zukunft treten. Durch gezielte Übungen und Reflexionsphasen werden eigene Annahmen hinterfragt und alternative Zukunftsszenarien entwickelt. „Futures Literacy" ist also mehr als nur die Fähigkeit, über die Zukunft nachzudenken. Es ist ein Werkzeug, mit dem Menschen lernen, mit Komplexität und Unsicherheit umzugehen sowie Veränderungen aktiv mitzugestalten.

Die Einsatzmöglichkeiten der FLLs sind dabei vielfältig. In Unternehmen können sie dazu genutzt werden, Führungskräfte und Mitarbeitende zu schulen, um strategische Entscheidungen besser an potenzielle Zukunftsszenarien anzupassen und Innovationsgeist zu fördern. Auch in politischen oder sozialen Organisationen können FLLs dazu beitragen, Strategien und Initiativen zu entwickeln, die auf eine nachhaltige und wünschenswerte Zukunft abzielen. In den FLLs geht es darum, in einem Kreis divers zusammengesetzter Stakeholder zu überlegen, welche Entwicklungen in der eigenen Industrie oder im eigenen Wirkungsbereich in den nächsten 10 bis 20 Jahren wahrscheinlich sind, wie eine wünschenswerte Zukunft aussehen würde und welche alternativen Entwicklungen auftreten könnten. Die erarbeiteten Szenarien können dann genutzt werden, um das Geschäftsmodell oder die Aktivitäten der eigenen Organisation im Heute zu hinterfragen und systematisch auf ihre Zukunftsfähigkeit zu überprüfen. Dies liefert Inspiration für neue Entwicklungspotenziale oder aber Erkenntnisse über mögliche aufkeimende Risiken. FLLs erfüllen dabei eine doppelte Funktion: zum einen als dynamisches, strategisches Werkzeug durch die Antizipation von Trends und Entwicklungen, zum anderen als Training für Mitarbeitende. Gerade die offenen Dialoge und die Einbindung unterschiedlicher Perspektiven in den FLLs spielen hier eine entscheidende Rolle: Sie ermöglichen es den Teilnehmenden, über den Tellerrand ihrer eigenen Erfahrungen und Annahmen hinauszublicken und ein tieferes Verständnis für komplexe Zusammenhänge zu entwickeln.

Möchten auch Sie Ihre „Futures Literacy" trainieren? Zum Abschluss finden Sie hier fünf Fragen, mit denen Sie Ihr Denken bezüglich verschiedener Zukünfte schulen können:

Start: Wählen Sie einen Themen- oder Lebensbereich, über dessen Zukunft Sie nachdenken möchten.

1. Mögliche Zukünfte: Welche Entwicklungen halte ich in den nächsten 5 bis 20 Jahren für wahrscheinlich? Schreiben Sie fünf bis zehn Entwicklungen auf, die in Ihrem gewählten Themenbereich relevant sind und die Sie für wahrscheinlich halten. Bei Gelegenheit gleichen Sie Ihre Annahmen mit denen einer anderen Person ab und diskutieren Sie Unterschiede und Gemeinsamkeiten.

2. Wünschenswerte Zukünfte: Welche Entwicklungen wünsche ich mir in den nächsten 5 bis 20 Jahren? Schreiben oder malen Sie konkret auf, wie Sie sich die Zukunft in Ihrer idealen Welt vorstellen. Entwickeln Sie ein konkretes Bild einer wünschenswerten Zukunft. Berücksichtigen Sie dabei die zugrunde gelegten Entwicklungen aus Frage 1.

3. Annahmen erkennen: Welche grundlegenden Annahmen und Werte stecken in meinen Zukunftsbildern? Reflektieren Sie über Ihr Zukunftsbild. Welche Weltbilder, Einstellungen, Werte oder Annahmen haben Sie bewusst oder unbewusst darin verarbeitet?

4. Alternative Zukünfte: Wie könnten alternative Zukünfte aussehen und wie würden sich diese auf verschiedene Bereiche des Lebens auswirken? Suchen Sie sich eine oder mehrere Ihrer Annahmen über die Zukunft heraus und verändern Sie sie, zum Beispiel indem Sie das Gegenteil annehmen. Erstellen Sie nun ein neues Zukunftsbild auf Basis der alternativen Annahme. Wichtig: Versuchen Sie dabei nicht in eine Dystopie abzurutschen.

5. Abschluss: Wie würden andere Menschen aus Ihrem Umfeld, aus einer anderen Altersgruppe oder einer anderen Kultur die oben genannten Fragen beantworten?

Prof. Laura Bechthold

Als Professorin für Technology Assessment & Cultural Management an der Technischen Hochschule Ingolstadt war Laura Bechthold 2022 an der Gründung des Bayerischen Foresight-Instituts beteiligt. Ihr akademischer Hintergrund umfasst Wirtschaftswissenschaften, Politikwissenschaften, Kulturmanagement und Nachhaltigkeitswissenschaften an der Zeppelin Universität, der Universität Maastricht, der LMU München und der UC Berkeley in Kalifornien. Von 2013 bis 2018 war sie Teil des Center for Digital Technology and Management (CDTM) in München und promovierte am Max-Planck-Institut für Innovation und Wettbewerb. Danach war sie einige Jahre sowohl in der Wissenschaft als auch in der Strategie- und Innovationsberatung tätig. In ihrer Forschung beschäftigt sie sich vor allem mit Themen rund um Futures Literacy, Responsible Innovation und Ethical Foresight for Emerging Technologies sowie damit verbundenen Zukunftsfähigkeiten. Ihre Leidenschaft ist es, einen offenen Dialog zwischen gesellschaftlichen Silos zu fördern und Lösungen für eine inklusive, nachhaltige und zukunftsfähige Gesellschaft mitzugestalten.

Quellen „Lernen, die Zukunft zu gestalten“

[1] Miller, Riel. (2007). Futures Literacy: A Hybrid Strategic Scenario Method. Futures 39(4), 341–62. https://doi.org/10.1016/j.futures.2006.12.001

[2] Miller, Riel (Hrsg.) Transforming the Future: Anticipation in the 21st Century. Abingdon, Oxon: Routledge, 2018.

[3] Carleton, Tamara & Miller, Riel. (2023). Futures Literacy Laboratory Playbook – An essentials guide for co-designing a lab to explore how and why we anticipate. Paris: United Nations Educational, Scientific and Cultural Organization (UNESCO). Abrufbar unter: https://unesdoc.unesco.org/ark:/48223/pf0000385485

[4] Ahvenharju, Sanna; Lalot, Fanny; Minkkinen, Matti; Quiamzade, Alain. (2021). Individual Futures Consciousness: Psychology behind the Five-Dimensional Futures Consciousness Scale. Futures, 128. https://doi.org/10.1016/j.futures.2021.102708

[5] Ahvenharju, Sanna; Minkkinen, Matti; Lalot, Fanny. (2018). The Five Dimensions of Futures Consciousness. Futures, 104, 1–13. https://doi.org/10.1016/j.futures.2018.06.010

Bildnachweise

S. 2–3	Illustration Christine Roesch
S. 4	Deutsche Telekom AG
S. 15–18	Deutsche Telekom Service GmbH
S. 26	Bitkom
S. 28	Illustration Christine Roesch
S. 33	privat/Franziska Pilz
S. 35–39	Norbert Ittermann
S. 43	Julia Mücke
S. 44–48	Helga Hengge
S. 49	Niko Schmid-Burgk
S. 51–55	Jörg Herweck
S. 56	Vegdog
S. 57	RTL/Bernd-Michael Maurer
S. 58	finaledit
S. 59–63	Vegdog
S. 65	Lisa Drewes
S. 66	Erik Hinz
S. 67	Meissen
S. 69	Staatskanzlei Sachsen-Anhalt/ Ronny Hartmann
S. 71	Lennart Bader
S. 74	Annette Etges
S. 75	Paulie Yap
S. 76	Shutterstock
S. 79	Microsoft
S. 80	Shutterstock
S. 83	Pickfotografie
S. 84	Imago Images Horst Müller
S. 86–91	komoot
S. 96	Uwe Völkner/Fotoagentur Fox
S. 97	Jim Rakete
S. 98	Shutterstock
S. 103	Iris Maria Maurer/Saarbrücker Zeitung
S. 104	Shutterstock
S. 107–109	Bosch Rexroth
S. 112	Eurowings/David Ucher
S. 115	Eurowings/Andreas Wiese
S. 116	Shutterstock
S. 118	Foto Czech
S. 119	Foto Sexauer
S. 121	Shutterstock, Oliver Güth
S. 123	recnedit
S. 124	TechBoost
S. 125	Film Agentur Cameo
S. 128	pexels-prasanthdas, pexels-petr-ganaj, pexels-pixabay, pexels-skyler-ewing
S. 132	ESA, M. Maurer (2)
S. 133	Oliver Dietze
S. 135–141	Christian Bendel
S. 142	Shutterstock
S. 147	Fraunhofer SIT
S. 148	Shutterstock (3), Triqbriq, Velocopter
S. 149	Spirulix/Rohkraft green GmbH (2)
S. 150	Vilisto
S. 151	Triqbriq (2)
S. 152	Shutterstock
S. 153	Velocopter
S. 154	Reimar von Wienskowksi
S. 158–161	Astrid M. Obert
S. 164–171	AUDI AG
S. 172	Vectoflow
S. 174	FC Bayern München
S. 174–180	Illustration: Christine Roesch
S. 175	Mara Harvey
S. 176	Thomas Kaup
S. 177	Getty Images/Hulton Archive
S. 179	Nomos Glashütte
S. 181	Günther Ruschel
S. 183–184	Stefan Goerke
S. 185	Scott Redinger-libolt/Redphoto GbR
S. 187	privat
S. 188	HGEsch Photography
S. 194	Jens Oellermann
S. 198	Pascal Fassbender
S. 200–203	Shutterstock
S. 200	John Deere
S. 203	John Deere/Stefan Longin
S. 205	Vorwerk (2)
S. 206	Beiersdorf, Shutterstock
S. 207	picture alliance/dpa (2)
S. 208	Shutterstock, picture alliance/ dpa
S. 209	Shutterstock, Packshot Factory Ltd, Nintendo
S. 210–213	Michael Wissing
S. 214	imago images/Sven Simon
S. 217	imago images/MIS
S. 218–221	Shutterstock
S. 221	privat

Impressum

Frankfurter Allgemeine Buch

Copyright: Fazit Communication GmbH
Frankfurter Allgemeine Buch
Pariser Straße 1
60486 Frankfurt am Main

Herausgeber
Dr. Ferri Abolhassan
Deutsche Telekom AG
Friedrich-Ebert-Allee 140
53113 Bonn

Chefredaktion & Umsetzung: Barbara Hohage

Text: Harald Czycholl, Christina Dier, Yvonne Duden, Andrea Freund, Michael Hasenpusch, Klaus Lüber, Lisa Priller-Gebhardt, Thorsten Rack

Layout, Design & Illustration: 3st kommunikation GmbH, Mainz
Bildredaktion: 3st kommunikation GmbH, Mainz

Projektkoordination: Fazit Communication GmbH, Frankfurt am Main

Druck: Gutenberg Beuys Feindruckerei GmbH, Langenhagen

Printed in Germany

1. Auflage, Frankfurt am Main 2024
ISBN: 978-3-96251-177-7